教育部大学计算机课程教学指导委员会
计算思维赋能教育教学改革项目成果

大学计算机基础实验指导

主　编　徐群叁　刘　玮

副主编　王洪波　巩艳华　陈　天　吴　璇

电子工业出版社
Publishing House of Electronics Industry
北京 · BEIJING

内 容 简 介

本书是《大学计算机基础》的配套实验教材，主要内容包括：Windows 操作系统、文字处理软件、电子表格处理软件、演示文稿制作软件、算法与程序设计、计算机网络与 Internet 等。

本书结合大学计算机基础课程的基本教学要求，参考了全国计算机等级考试一级、二级 MS Office 考试大纲要求，是为提高读者的实际操作应用能力而编写的实验教材。实验内容在主教材的基础上做了进一步扩展，实验步骤详细，读者可自行上机操作。

图书在版编目（CIP）数据

大学计算机基础实验指导 / 徐群叁，刘玮主编. —北京：电子工业出版社，2022.8

ISBN 978-7-121-44195-0

Ⅰ. ①大…　Ⅱ. ①徐…　②刘…　Ⅲ. ①电子计算机－高等学校－教学参考资料　Ⅳ. ①TP3

中国版本图书馆 CIP 数据核字（2022）第 155998 号

责任编辑：郝志恒　　　文字编辑：路　越

印　　刷：三河市华成印务有限公司

装　　订：三河市华成印务有限公司

出版发行：电子工业出版社

　　　　　北京市海淀区万寿路 173 信箱　　　邮编：100036

开　　本：787×1 092　1/16　　印张：12.75　　字数：303 千字

版　　次：2022 年 8 月第 1 版

印　　次：2023 年 7 月第 3 次印刷

定　　价：39.90 元

凡所购买电子工业出版社图书有缺损问题，请向购买书店调换。若书店售缺，请与本社发行部联系，联系及邮购电话：（010）88254888，88258888。

质量投诉请发邮件至 zlts@phei.com.cn，盗版侵权举报请发邮件至 dbqq@phei.com.cn。

本书咨询联系方式：luy@phei.com.cn。

前　言

近年来，各高校都在进行顺应时代发展要求的教育教学创新改革，大学计算机基础教育在课程体系、教学内容、教学理念和教学方法上都较以往有了较大的变化，我们在编写《大学计算机基础》教材之后，又组织经验丰富的老师编写了这本配套的实验教材，为学生提供实验指导和习题集。

本书基于"学用结合"的原则编写，主要有以下特色。

（1）配合主教材使用，全面提升学习效果。

本书根据主教材的内容，分章列出每章的实验指导，以便于学生在实验时使用。同时，本书结合全国计算机等级考试一级、二级 MS Office 考试大纲的要求，把相关知识点在实验内容中体现出来，学生不仅可以提升实践能力，还可以提升综合应用能力。

（2）提供科学有效的实验指导，让学生事半功倍。

本书的实验指导采用"实验目的+实验内容+实验步骤"的结构进行讲解。"实验步骤"给出了实验的关键步骤和操作提示，可以引导学生自行上机操作。

（3）精选习题，巩固基础理论知识。

本书在习题部分精选单选题，主要考查学生对主教材基础理论知识的掌握程度，使学生在巩固所学基础知识的同时查漏补缺。

本书由徐群叁、刘玮等编写。张淑宁、赵永升负责本书的统稿和组织工作，徐群叁、巩艳华编写第 1、2 章，徐效美、陈天编写第 3、5 章，李勃、王洪波编写第 4 章，刘玮、吴璇编写第 6 章。

由于本书涉及的知识面较广，要将众多的知识点贯穿起来难度不小，不足之处在所难免。为便于本书以后的修订，恳请读者多提宝贵意见。关于本书的相关问题，请联系 349346603@qq.com。本书配有相应的素材，需要者可登录华信教育资源网（http://www.hxedu.com.cn），注册后免费下载。

编者
2022 年 8 月

目　　录

第1章 Windows 操作系统

1.1 实验1——Windows 桌面操作

1. 实验目的

（1）掌握 Windows 的启动及多种关闭方式。

（2）熟练使用鼠标。

（3）掌握 Windows 桌面图标的设置和排列。

（4）掌握任务栏的组成和基本设置。

（5）掌握"开始"菜单的组成和基本设置。

2. 实验内容

（1）练习关机、重启、睡眠和强制关机，理解含义。

（2）练习鼠标操作。

（3）熟悉 Windows 桌面。

（4）设置和排列桌面图标。

（5）认识任务栏的组成。

（6）练习任务栏基本设置。

（7）认识"开始"菜单的组成。

（8）通过应用程序区启动"计算器"程序。

（9）设置磁贴。

（10）搜索图标、"任务视图"按钮和"显示桌面"按钮的使用。

3. 实验参考步骤

（1）练习关机、重启、睡眠和强制关机，理解含义。

【参考步骤】

① 正常关机。

单击"开始"按钮，弹出"开始"菜单，单击"电源"按钮，在电源选项中单击"关机"按钮，如图 1.1 所示。

② 强制关机。

当计算机死机，单击鼠标、敲击键盘无任何反应时，需强制关机。按下主机电源开关（机箱前面的 Power 按钮）不放，几秒后待主机电源关闭后，再松开主机电源开关。如果这种方法也无法关机，则直接关闭电源插座或插线板上的电源开关，或拔掉电源插头。

图 1.1　Windows 电源选项

③ 睡眠。

睡眠是计算机处于待机状态下的一种模式，可以节约电源，省去烦琐的开机过程，增加计算机的使用寿命。在计算机进入睡眠状态时，显示器将关闭，通常计算机的风扇也会停转，计算机机箱外侧的一个指示灯将闪烁或变黄。因为 Windows 将记住并保存正在进行的工作状态，所以在睡眠前不需要关闭程序和文件。计算机处于睡眠状态时，耗电量极少，将切断除内存外其他配件的电源，工作状态的数据将保存在内存中。若要唤醒计算机，则可以通过按计算机电源按钮恢复工作状态。

单击"开始"按钮，弹出"开始"菜单，单击"电源"按钮，在电源选项中单击"睡眠"按钮，如图 1.1 所示。

④ 重启。

重启是指先关闭计算机，然后计算机立即自动启动并进入 Windows 的过程。重启通常在安装系统软件、应用软件或者进行有关配置后，为了使配置生效而做的操作。如果计算机出现系统故障或死机现象，也可重启计算机。

单击"开始"按钮，弹出"开始"菜单，单击"电源"按钮，在电源选项中单击"重启"按钮，如图 1.1 所示。

（2）练习鼠标操作。

【参考步骤】

① 指向。

不按下任何按钮移动鼠标指针，即为指向。当鼠标指针指向某图标时，可显示该图标所对应程序的名称或作用提示。例如，将鼠标指针指向桌面左下角"开始"按钮，可显示"开始"提示。

② 单击。

先按下鼠标左键，然后松开，即为单击。单击用于选定对象。单击任务栏上的"开始"按钮，打开"开始"菜单；将鼠标指针指向桌面上的"此电脑"图标后单击，图标颜色变浅，说明选中了该图标，如图 1.2 所示。

图 1.2 选中"此电脑"图标

③ 拖动。

按下鼠标左键不放，移动鼠标，即为拖动。拖动鼠标可以将桌面上的"此电脑"图标移动到新的位置。如果图标不能移动，则应在桌面上空白处右击，在快捷菜单的"查看"级联菜单中，将"自动排列图标"前的对钩去掉。

④ 双击。

快速、连续按下鼠标左键两次，即为双击。双击用于执行程序或打开窗口。双击桌面上的"此电脑"图标，即打开"此电脑"窗口。

⑤ 右击。

先按下鼠标右键，然后松开，即为右击。右击用于弹出快捷菜单。右击"开始"按钮，或右击任务栏上空白处、右击桌面上空白处、右击"此电脑"图标、右击文件夹图标或文件图标，都会弹出不同的快捷菜单。

（3）熟悉 Windows 桌面。

Windows 桌面（Desktop）是打开计算机并登录 Windows 之后看到的主屏幕区域，如图 1.3 所示。在 Windows 中，桌面是各种操作的起点，所有的操作都是从桌面开始的，所以认识桌面是 Windows 操作的第一步。

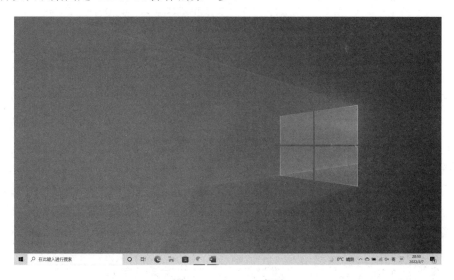

图 1.3 Windows 桌面

用户可以根据需要对桌面进行个性化设置。在默认情况下，Windows 桌面由桌面图标、鼠标指针和任务栏 3 个部分组成。打开的程序或文件夹窗口会出现在桌面上。还可以将一些项目（如程序、文件等）放在桌面上，并且可以随意排列它们。

（4）设置和排列桌面图标。

① 添加"控制面板"桌面图标。

【参考步骤】

Windows 安装完成后，Windows 桌面上的图标可以通过以下方法添加。

右击桌面空白处，在弹出的快捷菜单中选择"个性化"命令，打开"个性化"窗口。单击窗口左侧的"主题"选项，在"主题"窗口右侧单击"桌面图标设置"选项，打开"桌面图标设置"对话框，如图 1.4 所示。在"桌面图标"选项区域，勾选需要添加的图标所对应的复选框（如"控制面板"复选框），单击"确定"按钮，在桌面上立即显示相应的图标。

图 1.4 "桌面图标设置"对话框

② 重新排列桌面图标。

【参考步骤】

右击桌面空白处，在弹出的快捷菜单中选择"查看"级联菜单下的命令，如图 1.5 所示，桌面上的图标将按照设置重新排列。例如，选中"中等图标"、"自动排列图标"、"将图标与网格对齐"和"显示桌面图标"命令，Windows 将会自动按中等图标的大小将桌面图标排列整齐。

取消勾选图 1.5 中的"显示桌面图标"命令，观察桌面变化。

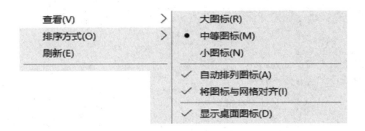

图 1.5　排列桌面图标

③ 拖动"控制面板"桌面图标到桌面任何位置。

【参考步骤】

要拖动桌面图标到桌面任何位置，首先要取消勾选"自动排列图标"命令，然后拖动"控制面板"图标到目标位置即可。

④ 删除桌面图标。

若桌面图标过多且无用，则可将桌面上的一些无用的图标删除。删除桌面图标的方法与后面将要介绍的删除文件或文件夹的方法相同。

（5）认识任务栏的组成。

Windows 的任务栏（Taskbar）是指位于桌面最下方的小长条，由"开始"按钮、搜索图标、"任务视图"按钮、任务区、通知区域和"显示桌面"按钮 6 部分组成，如图 1.6 所示。

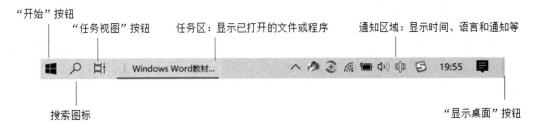

图 1.6　任务栏的组成

（6）练习任务栏基本设置。

① 自动隐藏任务栏。

【参考步骤】

在任务栏空白处右击，在快捷菜单中选择"任务栏设置"命令，出现如图 1.7 所示的任务栏设置窗口。当"在桌面模式下自动隐藏任务栏"状态为"开"时，若鼠标指针不指向任务栏，任务栏就会自动隐藏。

② 移动任务栏到桌面顶部。

【参考步骤】

在任务栏设置窗口中，设置"任务栏在屏幕上的位置"为"顶部"，将任务栏移动至桌面顶部。

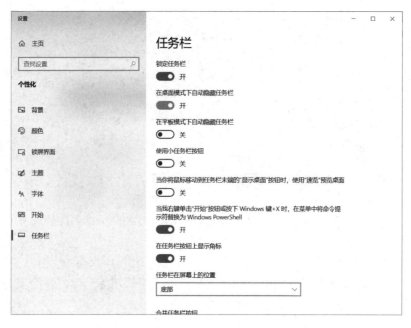

图 1.7 任务栏设置窗口

③ 任务栏按钮显示方式。

【参考步骤】

在默认情况下,任务栏按钮为"始终合并按钮"状态,此时任务栏显示为如图 1.8 所示的形式。在任务栏设置窗口中,改变任务栏按钮显示方式为"从不合并按钮"状态,此时任务栏显示为如图 1.9 所示的形式。

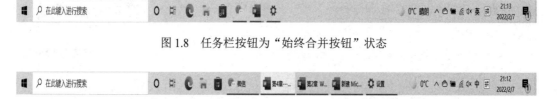

图 1.8 任务栏按钮为"始终合并按钮"状态

图 1.9 任务栏按钮为"从不合并按钮"状态

④ 在任务栏通知区域显示 U 盘图标。

【参考步骤】

单击任务栏设置窗口中"通知区域"下的"选择哪些图标显示在任务栏上",弹出如图 1.10 所示的窗口。设置"Windows 资源管理器"状态为"开",U 盘图标就会显示在任务栏通知区域,如图 1.11 所示。

⑤ 将 Word 程序固定到任务栏上。

【参考步骤】

运行 Word 程序,任务栏上会显示一个 Word 图标,关闭文档后,任务栏上的图标将消失。右击任务栏上的 Word 图标,在快捷菜单中选择"固定到任务栏"命令即可将 Word 程序固定到任务栏上,如图 1.12 所示。当关闭 Word 程序后,任务栏上仍然显示

Word 图标，单击该图标就可以打开 Word 程序。

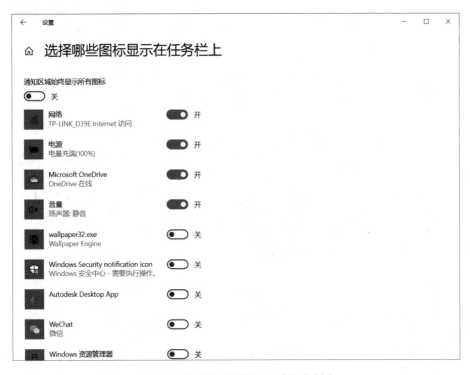

图 1.10 选择哪些图标显示在任务栏上

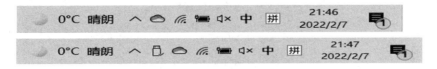

图 1.11 设置前和设置后的任务栏通知区域

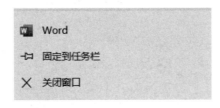

图 1.12 将 Word 程序固定到任务栏上

（7）认识"开始"菜单的组成。

"开始"按钮位于任务栏最左边，用于打开"开始"菜单。"开始"菜单包含了可使用的大部分程序和最近用过的文档，是计算机程序、文件夹和设置的主门户，使用它可以方便地打开文件夹或文件、访问 Internet 和收发邮件等，也可以对系统进行各种设置和管理。单击"开始"按钮，或按 Ctrl+Esc 组合键，或按 Windows 键均可打开"开始"菜单，"开始"菜单的组成如图 1.13 所示。

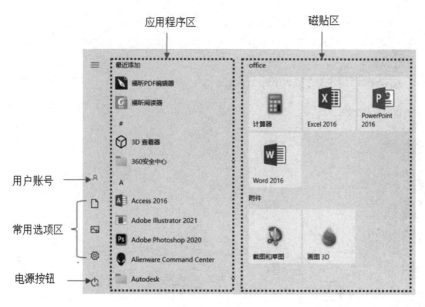

图 1.13 "开始"菜单

（8）通过应用程序区启动"计算器"程序。

【参考步骤】

单击应用程序区上方的"#"区域，如图 1.14 所示，会显示字母界面，如图 1.15 所示。单击字母"J"，系统会自动跳转到字母"J"开头的应用程序区，单击"计算器"，即可启动"计算器"应用程序。

图 1.14 应用程序区

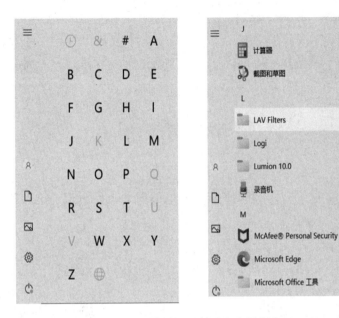

图 1.15　启动"计算器"应用程序

（9）设置磁贴。

① 在磁贴区添加 PowerPoint 快捷方式。

【参考步骤】

在应用程序区找到要添加到磁贴区的 PowerPoint 快捷方式，右击后弹出快捷菜单，如图 1.16 所示。

单击"固定到'开始'屏幕"命令，将 PowerPoint 快捷方式添加到磁贴区，如图 1.17 所示。

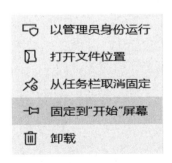

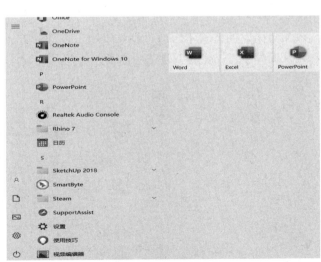

图 1.16　固定到"开始"屏幕　　　　　　　　　　　图 1.17　添加磁贴

单击磁贴上方区域，可以给一组磁贴命名，如图 1.18 所示。

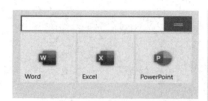 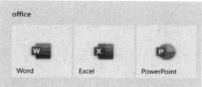

图 1.18　给一组磁贴命名

② 磁贴分组。

【参考步骤】

给一组磁贴命名后，新添加的磁贴会被自动放到下一组中，从而实现分组，如图 1.19 所示。

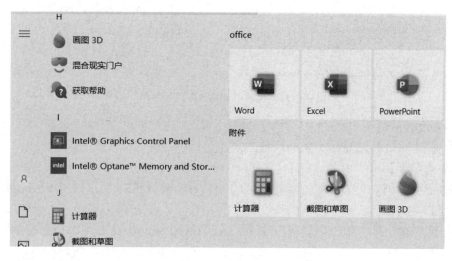

图 1.19　磁贴分组

如果磁贴的位置不合适，则可以通过拖动的方式对磁贴位置进行调整，如图 1.20 所示，调整了"计算器"磁贴的位置。

图 1.20　磁贴位置调整

③ 移除磁贴。

【参考步骤】

右击要移除的磁贴，弹出快捷菜单，单击"从'开始'屏幕取消固定"命令，可将该磁贴移除，如图 1.21 所示。

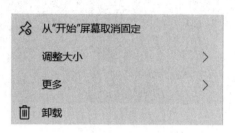

图 1.21　移除磁贴

（10）搜索图标、"任务视图"按钮和"显示桌面"按钮的使用。

① 利用搜索图标，打开"画图"程序。

【参考步骤】

单击搜索图标，打开搜索框，在搜索框中输入"画图"，按 Enter 键后，会自动搜索这个程序并显示出来。用户可以直接在搜索结果中单击来打开这个程序，如图 1.22 所示。

图 1.22　搜索"画图"程序

② "任务视图"按钮的使用。

【参考步骤】

随机打开多个窗口，单击"任务视图"按钮，就可以快速在打开的多个应用程序、文件之间进行切换，还可以在任务视图中新建桌面，在多个桌面间进行快速切换，如图 1.23 所示。

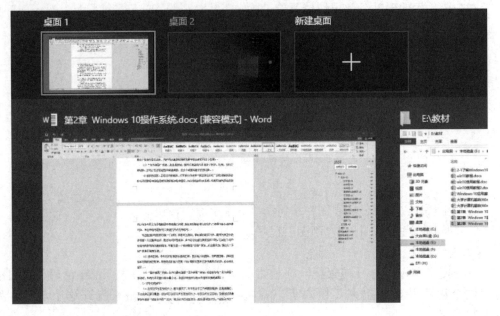

图 1.23　任务视图

提示：右击任务栏空白处，在快捷菜单中，可选择显示/隐藏"任务视图"按钮。
③ "显示桌面"按钮的使用。

【参考步骤】

打开多个窗口，首先单击任务栏最右端的"显示桌面"按钮，如图 1.6 所示，可把所有打开的窗口最小化，再次单击该按钮，可还原桌面。

1.2　实验 2——Windows 窗口操作和设置

1. 实验目的

（1）熟练掌握 Windows 窗口的基本操作。

（2）掌握 Windows 窗口的基本设置。

（3）掌握使用键盘截图操作。

2. 实验内容

（1）Windows 窗口的基本操作。

① 打开"此电脑"窗口，熟悉窗口的组成。

② 打开窗口的方法。

③ 关闭窗口的方法。

④ 改变窗口的大小。

⑤ 移动窗口的位置。

⑥ 最小化窗口的方法。

⑦ 最大化窗口的方法。

⑧ 切换窗口的方法。

⑨ 排列窗口的 3 种方法。

（2）使用键盘截图。

① 截取整个屏幕。

② 截取"计算器"窗口。

（3）通过"查看"选项卡设置窗口。

（4）地址栏的使用。

（5）"返回/前进/向上"按钮的使用。

3．实验参考步骤

（1）Windows 窗口的基本操作。

① 打开"此电脑"窗口，熟悉窗口的组成。

典型 Windows 窗口的组成部分大致相同，一般由边框、标题栏、选项卡、工作区窗格、导航窗格、滚动条等元素组成。图 1.24 为"此电脑"窗口组成。

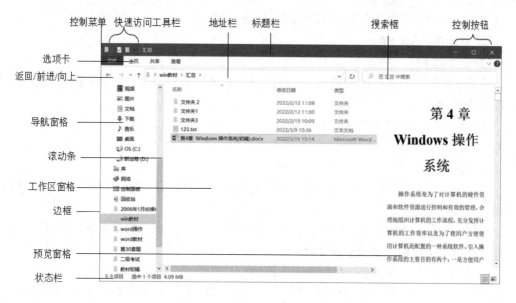

图 1.24 "此电脑"窗口组成

② 打开窗口的方法。

【参考步骤】

方法 1：双击图标即可打开窗口，例如双击桌面"此电脑"图标，打开"此电脑"窗口。

方法 2：右击图标，在弹出的快捷菜单中单击"打开"命令。

方法 3：单击"开始"按钮，在弹出的"开始"菜单中，单击应用程序区的相应选项，也可打开相应窗口。

方法 4：使用任务栏中的搜索图标打开窗口。例如，在搜索框中输入"控制面板"，可打开"控制面板"窗口。

③ 关闭窗口的方法。

【参考步骤】

方法 1：直接单击窗口右上角的"关闭"按钮。

方法 2：右击标题栏，在弹出的快捷菜单中选择"关闭"命令。

方法 3：单击窗口左上角控制菜单按钮区，在打开的控制菜单中选择"关闭"命令。

方法 4：右击窗口在任务栏中对应的按钮，在弹出的快捷菜单中选择"关闭窗口"命令。

方法 5：按下 Alt+F4 组合键，可关闭当前打开的窗口。

④ 改变窗口的大小。

【参考步骤】

将鼠标指针指向窗口边框或窗口角，鼠标指针自动变成双向箭头形状，按住鼠标左键沿箭头方向拖动，可改变窗口大小。

提示：当窗口为最大化时，不能改变窗口的大小。

⑤ 移动窗口的位置。

【参考步骤】

将鼠标指针移至窗口的标题栏上，按住鼠标左键拖动，到达目的位置后释放鼠标左键即结束移动操作。

提示：当窗口为最大化时，不能移动窗口。

⑥ 最小化窗口的方法。

【参考步骤】

方法 1：单击窗口右上角的"最小化"按钮，窗口最小化显示，即窗口在屏幕上不显示。

方法 2：当打开多个窗口时，右击任务栏空白处，在弹出的快捷菜单中选择"显示桌面"命令，实现所有窗口的最小化。

方法 3：单击任务栏的"显示桌面"按钮也可实现所有窗口的最小化。

方法 4：将鼠标指针指向窗口的标题栏，按住鼠标左键在整个屏幕中晃动该窗口，则除该窗口外，其他窗口都会最小化，再次晃动，这些窗口又会重新出现。

⑦ 最大化窗口的方法。

【参考步骤】

方法 1：单击窗口右上角的"最大化"按钮，可使窗口放大到占满整个屏幕，并且"最大化"按钮将变成"还原"按钮，此时若单击"还原"按钮，窗口则恢复为上次的显示效果。

方法 2：双击窗口的标题栏，也可以最大化或还原窗口。

方法 3：右击标题栏，在弹出的快捷菜单中选择相应的命令，可完成窗口的最小化、最大化和还原操作。

方法 4：在控制菜单中也可完成窗口的最小化、最大化和还原操作。

⑧ 切换窗口的方法。

【参考步骤】

用户可以同时打开多个窗口，在同一时刻只有一个程序处于运行状态，而其他运行的程序都在后台工作。处于前台运行的窗口称为当前窗口，也称为活动窗口，处于后台运行的窗口称为非活动窗口。将非活动窗口切换到前台，这种操作称为切换窗口。活动窗口总在其他窗口之上，处于最前端，允许接收用户当前输入的数据或命令。

Windows 操作系统提供了多种切换窗口的方法。随机打开多个窗口，进行下列操作。

方法 1：通过窗口可见区域切换窗口。

如果此窗口是非活动窗口，并且它的部分区域是可见的，那么在该窗口的可见区域处单击，即可切换到该窗口。

方法 2：通过任务栏切换窗口。

将鼠标指针指向该程序在任务栏中对应的按钮，此时在任务栏的上方会出现窗口的缩略图，单击该窗口对应的缩略图，便可将该窗口切换为活动窗口。

方法 3：按 Alt+Tab 组合键切换窗口。

按下 Alt+Tab 组合键后，屏幕上将出现任务切换面板，系统当前打开的窗口都以缩略图的形式在切换面板中排列出来。此时先按住 Alt 键不放，再反复按 Tab 键，一个蓝色方框将在所有缩略图之间轮流切换，当蓝色方框移动到需要的窗口缩略图上时释放 Alt 键，即可切换到该窗口。

方法 4：按 Alt+Esc 组合键切换窗口。

按住 Alt 键不放，不断地按 Esc 键，打开的窗口轮流地在屏幕上出现，当出现需要的窗口时释放 Alt 键即可。

方法 5：按 Win+Tab 组合键切换窗口。

还可以利用 Win+Tab 组合键进入任务视图进行窗口切换。

⑨ 排列窗口的 3 种方法。

【参考步骤】

当在桌面上同时打开多个窗口时，可以对桌面窗口进行重新排列，好的排列方式有利于提高工作效率。

打开记事本、画图和计算器三个应用程序，右击任务栏空白处，在弹出的快捷菜单中分别选择"层叠窗口"、"堆叠显示窗口"和"并排显示窗口"命令，就可以重新排列窗口。比较 3 种排列方法的区别。若不想以这 3 种排列方法显示，则可以右击任务栏空白处，在弹出的快捷菜单中单击相应的撤销命令。

（2）使用键盘截图。

① 截取整个屏幕。

【参考步骤】

先按下 PrtSc 键可复制整个屏幕到剪贴板（剪贴板是 Windows 在内存中开辟的一个临时存储区，用于存储被复制或剪切的内容），然后到目标应用程序中（如 Word）中粘贴，即可将整个屏幕截图。

② 截取"计算器"窗口。

【参考步骤】

打开"计算器"窗口，先按下 Alt+PrtSc 组合键复制当前活动窗口到剪贴板中，然后到目标应用程序（如 Word）中粘贴，即可将"计算器"窗口图像截图。

（3）通过"查看"选项卡设置窗口。

不同的窗口，选项卡略有不同。本实验要求熟练掌握"查看"选项卡下的功能选项。以"此电脑"系统窗口为例，如图 1.25 所示。

图 1.25 "查看"选项卡

① 显示/隐藏"预览窗格"。

【参考步骤】

先选择预览文件，如选定一个 Word 文档，单击"查看"选项卡|"窗格"组|"预览窗格"，窗口预览区就会显示选定 Word 文档内容，如图 1.26 所示。再次单击该选项，窗口预览区会隐藏。

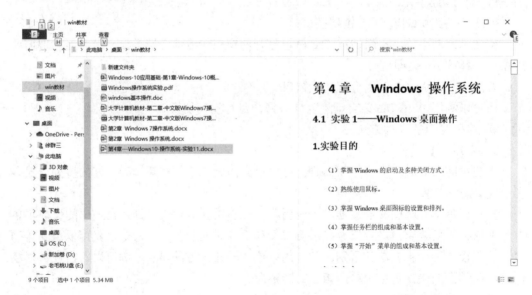

图 1.26 "预览窗格"显示信息

② 显示/隐藏"详细信息窗格"。

【参考步骤】

先选择预览文件，如选定一个 Word 文档，单击"查看"选项卡|"窗格"组|"详细信息窗格"，窗口预览区就会显示选定 Word 文档属性信息，如图 1.27 所示。再次单击该选项，会隐藏窗口预览区。

图 1.27 "详细信息窗格"显示信息

③ 显示/隐藏"导航窗格"。

【参考步骤】

单击"查看"选项卡|"窗格"组|"导航窗格"下拉按钮，弹出下拉列表，如图 1.28 所示。取消"导航窗格"前的勾选，隐藏导航窗格区；勾选"导航窗格"，将会显示导航窗格区。

图 1.28 "导航窗格"下拉列表

④ 文件采用"详细信息"布局。

【参考步骤】

如果想显示更多文件信息，通常采用"详细信息"布局。单击"查看"选项卡|

"布局"组|"详细信息"按钮，可显示更多文件信息，如图 1.29 所示。

名称	修改日期	类型	大小
amdgpio2	2019/12/7 17:07	安装信息	4 KB
amdgpio2.PNF	2021/4/8 13:28	预编译的安装信息	9 KB
amdi2c	2019/12/7 17:07	安装信息	3 KB
amdi2c.PNF	2021/4/8 13:28	预编译的安装信息	7 KB
amdsata	2019/12/7 17:07	安装信息	10 KB
amdsata.PNF	2021/4/8 13:28	预编译的安装信息	15 KB
amdsbs	2019/12/7 17:07	安装信息	7 KB
amdsbs.PNF	2021/4/8 13:28	预编译的安装信息	12 KB
apps	2021/12/24 22:47	安装信息	122 KB
arcsas	2019/12/7 17:07	安装信息	46 KB
arcsas.PNF	2021/4/8 13:28	预编译的安装信息	62 KB
athw8x	2019/12/7 17:07	安装信息	349 KB
audioendpoint	2019/12/7 17:07	安装信息	3 KB
audioendpoint.PNF	2021/4/2 13:49	预编译的安装信息	6 KB
avc	2019/12/7 17:07	安装信息	8 KB
b57nd60a	2019/12/7 17:07	安装信息	808 KB
basicdisplay	2021/4/16 14:19	安装信息	5 KB
basicdisplay.PNF	2021/4/22 16:26	预编译的安装信息	8 KB
basicrender	2021/4/16 14:19	安装信息	4 KB
basicrender.PNF	2021/4/17 15:18	预编译的安装信息	8 KB
battery	2019/12/7 17:07	安装信息	4 KB

图 1.29 "详细信息"布局

⑤ 文件按修改日期递增排序。

【参考步骤】

更改当前打开文件夹文件的排序方式，不会影响其他文件夹文件的排序。默认排序方式为按文件"名称"和"递减"排序。单击"查看"选项卡|"当前视图"组|"排序方式"|"修改日期"和"递增"，如图 1.30 所示，文件将按修改日期递增排序。

⑥ 添加创建日期列。

【参考步骤】

单击图 1.30 中的最后选项"选择列"，打开"选择详细信息"对话框，如图 1.31 所示，勾选"创建日期"复选框，详细信息布局会添加创建日期列。

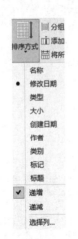

图 1.30 "排序方式"当前视图　　　　　图 1.31 "选择详细信息"对话框

也可以通过单击"查看"选项卡|"当前视图"组|"添加列"下拉按钮进行设置，如图 1.32 所示。

⑦ 显示/隐藏文件扩展名。

【参考步骤】

在默认状态下，不显示文件扩展名，要显示文件扩展名，单击"查看"选项卡|"显示/隐藏"组|"文件扩展名"复选框，打上"√"即可。

⑧ 显示隐藏的项目。

【参考步骤】

用户看不到具有隐藏属性的文件。要显示隐藏文件，单击"查看"选项卡|"显示/隐藏"组|"隐藏的项目"复选框，打上"√"即可。

⑨ 打开文件夹选项对话框。

【参考步骤】

单击"查看"选项卡|"显示/隐藏"组|"选项"按钮，打开"文件夹选项"对话框，可进行更多设置，如图 1.33 所示。

图 1.32 "添加列"当前视图　　　　图 1.33 "文件夹选项"对话框

（4）地址栏的使用。

【参考步骤】

地址栏用于显示或输入浏览位置的详细路径信息。每个路径都由不同的下拉按钮链接而成。打开一个有多个子文件夹的文件夹，如图 1.34 所示，单击地址栏"汇总"文件夹的下拉按钮，可在"汇总"文件夹的子文件夹间快速切换。

图 1.34　地址栏

（5）"返回/前进/向上"按钮的使用。

【参考步骤】

"返回"和"前进"按钮可以导航到曾经打开的其他文件夹，而无须关闭当前窗口。"向上"按钮是返回到上一层文件夹。

先单击导航窗格中的"文档"文件夹，再单击导航窗格中的"图片"文件夹，再单击"返回"按钮，则返回"文档"文件夹。单击"前进"按钮，则回到"图片"文件夹。单击"向上"按钮，则回到当前打开文件夹的上一级文件夹，当回到根目录时，此按钮以灰色显示。

以图 1.34 为例，不断单击"向上"按钮，直至返回根目录。

1.3　实验 3——Windows 文件操作

1．实验目的

（1）熟练掌握文件的选择。

（2）掌握文件的创建、重命名。

（3）掌握文件的复制和移动。

（4）掌握文件的删除与恢复删除。

2．实验内容

（1）练习文件的选择。

（2）在 D 盘根目录下新建一个名为"汇总"的文件夹。

（3）新建文件名为"123.txt"的文本文件。

（4）设置文本文件"123.txt"隐藏属性。

（5）文件重命名的方法。

（6）复制、移动文件。

（7）删除与恢复删除文件。

（8）在桌面上创建"123.txt"文件的快捷方式。

（9）更改文本文件"123.txt"的打开方式为 Word 程序。

3．实验参考步骤

（1）练习文件的选择。

【参考步骤】

要对文件进行操作，通常第一步要进行文件的选择，告诉系统要对选择的文件进行操作。打开一个含有多个文件的文件夹，进行下列练习。

① 选择单个文件。

单击要选择的文件图标，该文件图标会变为深色，表示被选择。

② 选择多个连续的文件。

按住鼠标左键拖动，随即出现深色矩形框，释放鼠标左键，将选择矩形框内的文件；或者首先在第一个要选择的文件上单击，然后按住 Shift 键，再单击最后一个要选择的文件，此时可选择多个连续的文件。

③ 选择不连续的多个文件。

按住 Ctrl 键，再依次在每个要选择的文件上单击，被单击的文件图标都变为深色，表示被选择。

④ 选择全部文件。

单击"主页"选项卡|"选择"组|"全部选择"按钮（或按 Ctrl+A 组合键）即可选择全部文件。

⑤ 反向选择。

先采用上述方法选择不要的文件，再单击"主页"选项卡|"选择"组|"反向选择"按钮即可实现反向选择。

⑥ 取消选择的文件。

按住 Ctrl 键，并单击要取消选择的文件，即可取消已选择的文件；单击窗口空白处，即可取消全部已选择的文件。

（2）在 D 盘根目录下新建一个名为"汇总"的文件夹。

【参考步骤】

文件夹是用来存放不同文件的容器，在一个文件夹中，还可以包含其他文件夹或文件。文件夹也是一种特殊的文件。

新建文件夹的操作步骤如下。

步骤 1：打开文件资源管理器窗口，在导航窗格中单击要新建文件夹的磁盘，在随即出现的工作区窗格中，打开要新建文件夹所在的文件夹，即选择需要新建文件夹的位置。

步骤 2：单击"主页"选项卡|"新建"组|"新建文件夹"按钮；或者右击工作区窗格的空白处，在弹出的快捷菜单中选择"新建"|"文件夹"命令，均可以新建一个默认名为"新建文件夹"的文件夹。

步骤 3：图标旁会有深色反白显示的"新建文件夹"字样，输入新建文件夹的名字"汇总"，按 Enter 键或单击工作区窗格空白处即可，如图 1.35 所示。

图 1.35　新建文件夹

（3）新建文件名为"123.txt"的文本文件。

【参考步骤】

文件的创建一般是在应用程序中完成的，如"记事本"程序可以创建扩展名为".txt"的文本文件，"画图"程序可以创建扩展名为".bmp"的位图文件等。对于在系统中已注册的应用程序，在打开的资源管理器窗口中，打开需要创建文件所在的磁盘驱动器或文件夹后，可以使用以下两种方法新建文件。

方法 1：右击工作区窗格空白处，在弹出的快捷菜单中选择"新建"级联菜单下需要创建的文件类型，例如"文本文档"命令，出现一个"新建文本文档.txt"新建文件的图标。输入新的文件名"123"，按 Enter 键或单击工作区窗格空白处即可。

方法 2：单击主页选项卡|"新建"组|"新建项目"下拉按钮，在下拉列表中选择需要创建的文件类型命令，其他操作步骤同方法 1，如图 1.36 所示。

图 1.36　新建文件

提示：以上两种方法创建的新文件都是空文件，即文件中没有内容。要创建一个含有内容的文件，通常先启动一个应用程序，在打开的应用程序窗口中按需进行相应的操作后，再将新建的文件保存至目标文件夹下。

（4）设置文本文件"123.txt"隐藏属性。

【参考步骤】

文件属性定义了文件的使用范围、显示方式以及受保护的权限，通常，文件有3种属性，分别是"只读"、"隐藏"和"高级"属性。

设置文件属性的操作步骤如下。

步骤1：选定"123.txt"文件，单击"主页"选项卡｜"属性"组｜"属性"按钮；或右击文件，在弹出的快捷菜单中选择"属性"命令，均能打开文件"属性"对话框，如图1.37所示。注意文件夹和文件的"属性"对话框略有不同。

图1.37　文件"属性"对话框

步骤2：单击"属性"对话框"常规"选项卡，如图1.37所示。此选项卡不但列出了所选对象的图标、类型、位置、大小、占用空间、创建时间、文件的修改时间和文件的最近一次访问时间等信息，而且还可以根据需要对文件属性进行新的设置。

步骤3：勾选"属性"区域的"隐藏"复选框，单击"确定"按钮，刷新窗口后，所选文件夹或文件即被隐藏。若希望将已设置为隐藏属性的文件夹或文件显示出来，则单击"查看"选项卡|"显示/隐藏"组｜"隐藏的项目"复选框，打上"√"，如图1.38所示。

图 1.38 "查看"选项卡

（5）文件重命名的方法。

【参考步骤】

可以更改文件的名称，即对其重命名。通过以下 4 种方法可实现文件的重命名。

方法 1：选定要重命名的对象，然后单击对象的名字。

方法 2：选定要重命名的对象，然后按 F2 键。

方法 3：右击要重命名的对象，在弹出的快捷菜单中选择"重命名"命令。

方法 4：选定要重命名的对象，然后单击"主页"选项卡|"组织"组|"重命名"按钮。

采用上述方法后，文件的名称即被激活，呈反白显示，并出现闪烁的光标，直接输入新的文件名，按 Enter 键或单击工作区窗格的空白处即可。

若文件的扩展名隐藏了，又需要修改文件的扩展名，则单击"查看"选项卡|"显示/隐藏"组|"文件扩展名"复选框，打上"√"，就可以显示出所有文件的扩展名，如图 1.38 所示。

提示：重命名文件时，不要轻易修改文件的扩展名，以便使用正确的应用程序打开它。

（6）复制、移动文件。

【参考步骤】

对象的移动一定要在不同的文件夹中进行，而对象的复制可以在同一个文件夹或不同的文件夹中进行。有多种方法可以完成文件夹或文件的复制或移动。

方法 1：利用 Windows 的剪贴板完成移动、复制文件，步骤如下。

步骤 1：选定要移动或复制的文件。

步骤 2：若进行移动操作，则单击"主页"选项卡|"剪贴板"组|"剪切"按钮（或者按 Ctrl+X 组合键），选定文件的图标变为暗色，完成所选文件到剪贴板的移动；若进行复制操作，则单击"主页"选项卡|"剪贴板"组|"复制"按钮（或者按 Ctrl+C 组合键），完成所选文件的副本到剪贴板复制，而选定的文件仍然保留在原来的位置不变。

步骤 3：双击要存放所选文件的目标文件夹，进入该文件夹，单击"主页"选项卡|"剪贴板"组|"粘贴"按钮（或按 Ctrl+V 组合键），可以完成剪贴板中的文件移动或复制到目标位置操作。

最终结果，如果是移动操作，源位置上的文件会立即消失；如果是复制操作，源位置上的文件将仍然存在。

方法 2：使用鼠标右键操作。

首先选定要移动或复制的文件，将鼠标指针指向选定的文件，按住鼠标右键拖动至目标位置，释放鼠标右键时，将弹出一个快捷菜单，若从中选择"复制到当前位置"命令，则完成复制操作；若从中选择"移动到当前位置"命令，则完成移动操作。

方法 3：使用鼠标左键操作。

首先选定要移动或复制的文件，将鼠标指针指向选定的文件，然后按住鼠标左键拖放到目标位置。至于鼠标"拖放"操作到底是执行复制还是移动，取决于源文件夹和目标文件夹的位置关系。

同盘内：在同一磁盘内拖放文件，完成文件的移动；在拖动时按住 Ctrl 键，则完成文件的复制。

异盘间：在不同磁盘间拖放文件，完成文件的复制；在拖动时按住 Shift 键，则完成文件的移动。

（7）删除与恢复删除文件。

删除文件的方法包括逻辑删除和物理删除两种。逻辑删除指的是将文件移送入"回收站"，但并未从计算机中真正消失，需要时，被逻辑删除的部分或全部对象可以再从"回收站"中恢复到原来的位置；物理删除则是真正把对象从磁盘中清除，以后再也无法恢复。

① 删除文件到回收站。

【参考步骤】

选定要删除的文件，在文件资源管理器窗口单击"主页"选项卡｜"组织"组｜"删除"下拉按钮｜"回收"命令，如图 1.39 所示；或者右击选定的文件，在弹出的快捷菜单中选择"删除"命令；或者按 Delete 键，均将出现"删除文件夹"对话框，如图 1.40 所示，单击"是"按钮，即可将选定的文件移动到回收站中；单击"否"按钮，则取消本次删除操作。

图 1.39 "删除"下拉列表　　　　　　　　图 1.40 "删除文件夹"对话框

另外，有一个快捷的方法是直接将要删除文件的图标拖至桌面"回收站"图标上，当出现"移动到回收站"字样时释放鼠标左键。

② 从"回收站"窗口中恢复文件。

【参考步骤】

有些文件可能属于误删除，但只要其还存在于回收站中，就可以将其取出送回原来的位置。在"回收站"窗口中，右击要恢复的文件，在弹出的快捷菜单中选择"还原"命令，则将文件恢复至原来的位置。如果在恢复过程中，原来的文件夹已不存在，Windows 会要求重新创建文件夹。

③ 永久地删除文件。

【参考步骤】

把文件永久地从磁盘中删掉，有以下两种方法。

方法 1：先进行逻辑删除，再进行物理删除。

先将文件送入回收站，确定这些文件不需要了，再从回收站中删除（推荐使用此方法）。"回收站"窗口的"文件"菜单中有"清空回收站"和"删除"两个命令，"清空回收站"命令将该窗口内所有的对象都删除，而"删除"命令可有选择地进行删除。

如果要删除回收站中的部分文件，可以采用的方法是：先按住 Ctrl 键不放，再依次单击要删除文件的图标，选定后，再单击"文件"菜单|"删除"命令，弹出"删除多个项目"对话框，单击"是"按钮。

方法 2：直接进行物理删除。

选定文件，按 Shift＋Delete 组合键；或者先按住 Shift 键不放，再右击文件，在弹出的快捷菜单中选择"删除"命令，屏幕均将弹出"删除文件"对话框，如图 1.41 所示。单击"是"按钮，将直接从计算机的存储器中物理删除文件。

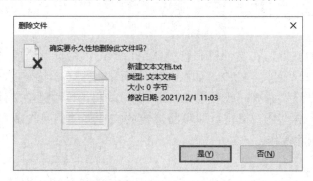

图 1.41 "删除文件"对话框

提示：从软盘、移动磁盘或网络服务器中删除的文件不保存在回收站中，直接被物理删除，不能被恢复。

（8）在桌面上创建"123.txt"文件的快捷方式。

在 Windows 中，快捷方式是一种特殊的文件类型，仅包含链接对象的位置信息，并不包含对象本身的信息，所以只占几字节的磁盘空间。当双击快捷方式图标时，Windows 首先检查该快捷方式对应文件的内容，找到它所指向的对象，然后打开这个对象。删除快捷方式并没有删除对象本身。快捷方式图标与一般图标的根本区别是，快捷方式图标的左下方有一个指向中心的箭头 。

创建快捷方式的方法有多种，以下仅介绍将快捷方式放置于当前文件夹中及桌面上的两种方法。

① 在当前文件夹中创建快捷方式。

【参考步骤】

在当前文件夹中创建快捷方式的方法是：右击"123.txt"文件，在弹出的快捷菜单中选择"创建快捷方式"命令，系统在当前文件夹中就可以为"123.txt"文件创建快捷方式。

② 在桌面上创建快捷方式。

【参考步骤】

在桌面上创建快捷方式的方法主要有以下 3 种。

方法 1：右击"123.txt"文件，从弹出的快捷菜单中单击"发送到"｜"桌面快捷方式"命令。

方法 2：将鼠标指针指向"123.txt"文件，按住鼠标右键将其拖放到桌面上，然后在出现的快捷菜单中选择"在当前位置创建快捷方式"命令。

方法 3：按住鼠标左键，将文件夹中已经创建的快捷方式拖放到桌面上。

（9）更改文本文件"123.txt"的打开方式为 Word 程序。

【参考步骤】

通常要打开一个文件，首先必须打开其对应的应用程序，然后在应用程序中打开它。将具有某种扩展名的文件和某个应用程序建立关联，当双击某文件时，与该文件相关联的应用程序首先启动，然后自动打开该文件。

文本文件的关联程序是"记事本"，并没有与"Word"相关联。如果要改变文件的打开方式，可以右击该文件，在弹出的快捷菜单中选择"打开方式"级联菜单下相应的命令即可，如图 1.42 所示。

图 1.42 "打开方式"级联菜单

1.4 实验 4——Windows 设置

1. 实验目的

（1）掌握外观和主题的设置。

（2）掌握屏幕分辨率和系统声音的设置。

（3）掌握输入法的设置。

（4）掌握卸载或更改程序。

2. 实验内容

（1）打开"Windows 设置"窗口。

（2）设置外观和主题。

① 设置窗口标题栏和边框颜色为绿色。

② 设置桌面背景为纯蓝色。

③ 设置屏幕保护程序为"3D 文字"，文字为"欢迎！"。

（3）设置屏幕分辨率。

（4）设置系统声音。

（5）设置输入法。

（6）卸载或更改程序。

3. 实验参考步骤

（1）打开"Windows 设置"窗口。

【参考步骤】

单击"开始"按钮，弹出"开始"菜单，单击左边常用选项区"设置"按钮；或者单击任务栏搜索图标，然后在弹出的搜索框输入"设置"关键词，单击搜索结果中的"设置"；或者右击桌面"此电脑"，在弹出的快捷菜单中单击"属性"命令，都可以打开"Windows 设置"窗口，如图 1.43 所示。

（2）设置外观和主题。

在打开的"Windows 设置"窗口中选择"个性化"；或右击桌面空白区域，在弹出的快捷菜单中选择"个性化"命令，都将打开"个性化"窗口，如图 1.44 所示。可以通过"个性化"窗口对 Windows 系统的外观进行设置，如更改主题、修改桌面背景、设置窗口的颜色、选择屏幕保护程序等。

① 设置窗口标题栏和边框颜色为绿色。

【参考步骤】

单击"个性化"窗口左边的"颜色"选项，在右边区域显示"颜色"设置，如图 1.45 所示。用户可以在此对任务栏、标题栏、窗口边框等的外观进行颜色设置。在 Windows 颜色中选择"绿色"。可以打开"回收站"窗口，观察标题栏和边框颜色变化。

图 1.43　"Windows 设置"窗口

图 1.44　"个性化"窗口

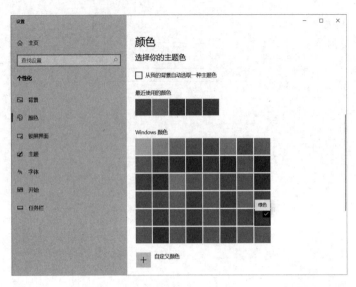

图 1.45 "颜色"设置

② 设置桌面背景为纯蓝色。

【参考步骤】

在打开的"个性化"窗口中，单击窗口左边的"背景"选项，在右边区域显示"背景"设置。背景既可以为纯色，也可以为图片。图片还可以采用"幻灯片放映"方式展示多个背景图片。单击"背景"下拉按钮，选择"纯色"，"选择你的背景色"为纯蓝色，如图 1.46 所示。

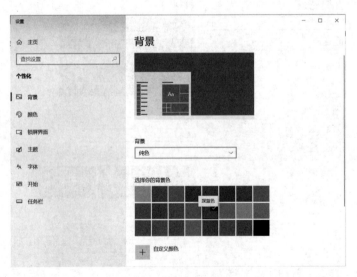

图 1.46 "背景"设置

③ 设置屏幕保护程序为"3D 文字"，文字为"欢迎！"。

【参考步骤】

在"个性化"窗口单击窗口左边的"锁屏界面"，在右边区域显示"锁屏界面"

设置。单击最下方"屏幕保护程序设置",打开"屏幕保护程序设置"对话框,如图 1.47 所示。

图 1.47 "屏幕保护程序设置"对话框

在"屏幕保护程序"下拉列表中选择"3D 文字",在"等待"数值框中设置时间,选中"在恢复时显示登录屏幕"复选框,可以在再次使用计算机时回到登录界面,单击"设置"按钮,打开"3D 文字设置"对话框,自定义文字为"欢迎!",如图 1.48 所示。

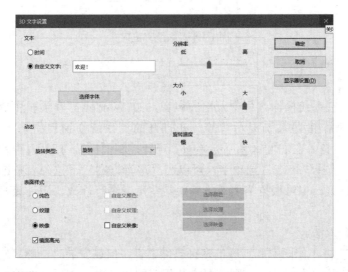

图 1.48 "3D 文字设置"对话框

（3）设置屏幕分辨率。

【参考步骤】

单击"Windows 设置"窗口下的"系统"，弹出"系统"窗口，如图 1.49 所示。默认右边区域为"显示"设置（或右击桌面，在弹出的快捷菜单中选择"显示设置"命令）。在"显示分辨率"下拉列表中单击选择所需的分辨率，如选择"1920×1080（推荐）"，单击"确定"按钮即可。

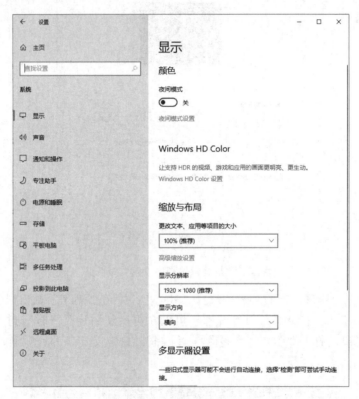

图 1.49 "系统"窗口

（4）设置系统声音。

【参考步骤】

系统声音是在系统操作过程中发出的声音，如 Windows 登录和注销的声音、关闭程序的声音、操作错误系统提示音等。在打开的"系统"窗口中，单击左边的"声音"，打开声音设置。在右面区域下方单击"声音控制面板"，打开"声音"对话框，如图 1.50 所示，选择"声音"选项卡，可以在"声音方案"下拉列表中选择使用系统提供的某种声音方案，也可根据需要对方案中某些声音进行修改，用计算机中的其他声音替代。

（5）设置输入法。

Windows 支持不同国家和地区的多种自然语言，但在安装时一般只安装默认的语言系统，若要支持其他语言系统，则需要安装相应的语言以及该语言的输入法和字符集。只要安装了相应的语言支持，不需要安装额外的内码转换软件就可以阅读该国的文字。

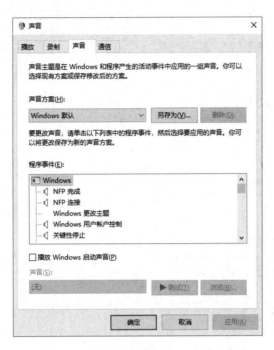

图 1.50 在"声音"对话框中设置声音方案

① 添加输入法。

【参考步骤】

步骤 1：在"Windows 设置"窗口中，单击"时间和语言"，打开"时间和语言"窗口，单击左边"语言"，显示"语言"设置，如图 1.51 所示。

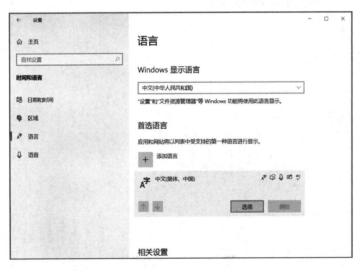

图 1.51 "语言"设置

步骤 2：单击"首选语言"下的"中文（简体，中国）"，单击出现的"选项"按钮，打开"语言选项"窗口，如图 1.52 所示。

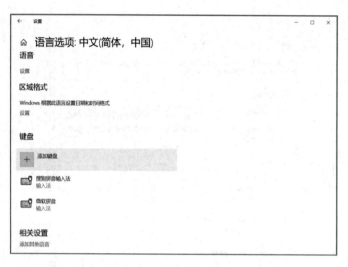

图 1.52 "语言选项"窗口

步骤 3：单击"添加键盘"左边的"+"按钮，弹出输入法，单击高亮度显示的输入法，即可添加输入法。

② 删除输入法。

【参考步骤】

在"语言选项"窗口中，单击要删除的输入法，单击出现的"删除"按钮，即可删除该输入法，如图 1.53 所示。

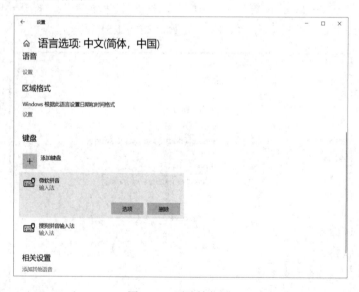

图 1.53 删除输入法

（6）卸载或更改程序。

【参考步骤】

Windows 提供了"卸载程序"功能，可以帮助用户完成软件的卸载。下面介绍卸载程序的方法。

步骤 1：在"Windows 设置"窗口中，单击"应用"，打开"应用"窗口，如图 1.54 所示。

步骤 2：单击左边的"应用和功能"，在右边区域会列出要卸载或更改的程序，单击程序，随即出现"修改"和"卸载"按钮，在弹出的卸载向导对话框中，单击"开始卸载"按钮。

图 1.54 "应用"窗口

习题

一、选择题

1. 关于任务栏，下列描述不正确的是（　　　）。

    A. 可以改变其高度

    B. 可以将其隐藏

    C. 可以移动其位置

    D. 可以改变其长度

2. 关于计算机文件，下列说法不正确的是（　　　）。

    A. 文件在不同的文件夹下也不可以同名

    B. 文件中存放的可以是一个程序，也可以是一篇文章、一首乐曲、一幅图画等

C．文件（File）是指存放在外存储器上的一组相关信息的集合

D．文件名是操作系统中区分不同文件的唯一标志

3．在 Windows 桌面空白处右击，选择"排序方式"后，以下（　　）命令不会出现。

A．大小

B．修改时间

C．修改日期

D．项目类型

4．将桌面图标排列类型设置为"自动排列"后，下列说法正确的是（　　）。

A．桌面上图标将按文件大小排序

B．桌面上图标将按文件名排序

C．桌面上的图标无法移动位置

D．桌面上的图标无法拖动到任意位置

5．在 Windows 中，下面的叙述正确的是（　　）。

A．"写字板"和"画图"均可以进行文字和图形处理

B．"画图"是绘图工具，不能输入文字

C．"写字板"是字处理软件，不能编辑图片

D．"记事本"文件可以插入自选图形

6．在 Windows 中，可以打开"开始"菜单的是（　　）。

A．Alt+Esc 组合键

B．Tab+Esc 组合键

C．Ctrl+Esc 组合键

D．Shift+Esc 组合键

7．在 Windows 中，剪贴板是程序和文件间传递信息的临时存储区，此存储区是（　　）。

A．回收站的一部分

B．硬盘的一部分

C．内存的一部分

D．软盘的一部分

8．下列操作中，（　　）直接删除文件而不把被删除文件送入回收站。

A．选定文件后，按 Delete 键

B．选定文件后，先按 Shift 键，再按 Delete 键

C．选定文件后，先按 Alt 键，再按 Delete 键

D．选定文件后，先按 Ctrl 键，再按 Delete 键

9．在 Windows 中，不同驱动器文件夹之间直接拖动某对象，结果是（　　）。

A．移动该对象

B．删除该对象

C．复制该对象

D．无任何结果

10．全角和半角切换的组合键是（　　）。

A．Ctrl+Alt

B．Ctrl+Shift

C．Shift+Space

D．Ctrl+Space

11．在 Windows 中，同时显示多个应用程序窗口内容的正确方法是（　　）。

A．在任务栏空白处右击鼠标，在弹出的快捷菜单中选"层叠窗口"命令

B．在任务栏空白处右击鼠标，在弹出的快捷菜单中选"并排显示窗口"命令

C．按 Alt+Tab 组合键进行排列

D．在文件资源管理器中进行排列

12. 在 Windows 中，"画图"程序创建的文件，默认的扩展名是（　　）。

　　A．CRD　　　　B．TXT　　　　C．WRI　　　　D．BMP

13. 在 Windows 中，用户创建的文件，默认具有的属性是（　　）。

　　A．隐藏　　　　B．只读　　　　C．系统　　　　D．存档

14. 下列有关快捷方式的叙述，错误的是（　　）。

　　A．快捷方式图标的左下角有一个小箭头

　　B．快捷方式提供了对常用程序或文档的访问捷径

　　C．快捷方式改变了程序或文档在磁盘上的存放位置

　　D．删除快捷方式不会对源程序或文档产生影响

15. 使用 Windows 自带"计算器"小程序，进行十六进制数据的计算，应选择
（　　）。

　　A．标准型　　　B．科学型　　　C．高级型　　　D．统计型

二、应用练习

1．启动计算机，练习关机、重启、睡眠和强制关机。

2．把"控制面板"图标添加到桌面上。

3．在"开始"菜单的磁贴区创建"Office"组，添加"Word"、"Excel"和
"PowerPoint"3 个磁贴。

4．在 D 盘根目录下新建"汇总"文件夹；在"汇总"文件夹下新建"abc"子文
件夹、"123.txt"文件和"abc.docx"文件；复制"123.txt"文件到"abc"子文件夹
中；永久删除"汇总"文件夹下的"123.txt"文本文件；把"汇总"文件夹打包，压缩
文件名为"汇总.zip"。

5．通过"开始"菜单下的应用程序区快速启动"计算器"小程序，利用键盘截图
方式截取"计算器"窗口，把截取的图片粘贴到"abc.docx"文件中。

6．通过"Windows 设置"窗口，把"微软拼音输入法"删除。

第 2 章　文字处理软件

2.1　实验 1——文档编辑

1．实验目的

（1）熟练掌握文档编辑的基本方法与技巧。

（2）灵活应用查找与替换功能。

（3）掌握撤销、恢复和重复操作。

2．实验内容

（1）新建 Word 文档，命名为"输入文本.docx"，将文件保存到"D:\word 素材"中。

① 练习中/英文的切换，输入中文双引号、英文双引号等中英文标点符号。

② 输入半角空格、全角空格和制表符，查看其标记。

③ 插入符号≥、♂、※。

④ 输入"ld"和空格，自动更正为"鲁东大学"；输入"dg"和空格，自动更正为"√"。

⑤ 插入自动更新的日期，格式为"2022 年 4 月 12 日星期二"。

⑥ 在文档中利用组合键实现手动换行、分段、手动分页，查看"分页符"标记。

（2）先通过 Word 打开本书提供的"word2016 教材.docx"Word 文档，另存为同名的 PDF 文档；再通过 Word 打开刚才保存的 PDF 文档，另存为"Word2016 教材11.docx"Word 文档。比较源文档和转换后的 Word 文档内容和格式差别。

（3）把本书提供的"word2016 教材.docx"Word 文档内容插入"输入文本.docx"中。观察是否带格式插入，观察图片等对象能否插入。

（4）对"输入文本.docx"Word 文档中的文本进行删除、复制和移动操作。

① 利用删除键删除插入点前字符、插入点后字符、分页符。

② 利用剪贴板，将文档中第 1 页的红色文本复制到蓝色文本区域，分别使用 4 种粘贴选项查看效果。

③ 分别使用鼠标左键和右键拖放的方法移动文本。

（5）对"输入文本.docx"Word 文档中的内容进行查找与替换。

① 将全文中"文档"一词替换成加粗、倾斜、红色的"File"。

② 将使用"标题 3"样式的文本中的"文本"一词替换成红色"文本"。

③ 删除所有的"红色文本"；删除完后撤销删除操作。

④ 删除所有空段落。

（6）如何对输入的字符或图形重复输入？重复和恢复在什么状态下出现？

（7）在"输入文本.docx"文档中，选定所有的"标题 3"样式的标题。

3. 实验参考步骤

（1）新建 Word 文档，命名为"输入文本.docx"，将文件保存到"D:\word 素材"中。

① 练习中/英文的切换，输入中文双引号、英文双引号等中英文标点符号。

【参考步骤】

中英文切换可以使用 Ctrl+空格组合键，也可以单独按 Shift 键，分别输入中文标点符号和英文标点符号，在不同字体下，标点符号显示有所不同，把字体设为宋体，区分中英文标点符号。

② 输入半角空格、全角空格和制表符，查看其标记。

【参考步骤】

全角/半角切换可以使用 Shift+空格组合键，也可以先输入半角字符，选定半角字符，再单击"开始"选项卡|"字体"组|"更改大小写"下拉按钮|"全角"命令。制表符的输入方法为按 Tab 键。

单击"开始"选项卡|"段落"组|"显示/隐藏编辑标记"命令，可以显示/隐藏特殊标记。可以查看半角空格、全角空格和制表符，其标记分别为"."、"□"和"→"。

③ 插入符号≥、♂、※。

【参考步骤】

单击"插入"选项卡|"符号"组|"符号"下拉按钮|"其他符号"命令，打开"符号"对话框，如图 2.1 所示。在"子集"下拉列表中选择插入符号对应子集，例如选择"数学运算符"，找到并插入"≥"。

图 2.1 "符号"对话框

④ 输入"ld"和空格，自动更正为"鲁东大学"；输入"dg"和空格，自动更正为"√"。

【参考步骤】

单击"文件"选项卡|"选项"按钮，打开"Word 选项"对话框，单击"校对"|"自动更正选项"命令，打开"自动更正"对话框，"替换"文本框输入"ld"，"替换为"文本框输入"鲁东大学"，单击"添加"按钮，如图 2.2 所示。设置完毕，在文档插入点位置输入"ld"和空格，会自动更正为"鲁东大学"。

打开"符号"对话框，在"数学运算符"子集中选定"√"，单击左下角"自动更正"按钮，打开"自动更正"对话框，"替换"文本框输入"dg"，"替换为"选择"带格式文本"，最后单击"添加"按钮，如图 2.3 所示。在文档插入点位置输入"dg"和空格，会自动更正为"√"。

此办法同样适用于图片等对象，例如，先在 Word 中插入一个图片，选定图片，打开"自动更正"对话框，"替换为"选择"带格式文本"，在插入点位置输入替换文本和空格，会自动更正为图片。

图 2.2 "自动更正"对话框   图 2.3 带格式的自动更正

⑤ 插入自动更新的日期，格式为"2022 年 4 月 12 日星期二"。

【参考步骤】

定位到要插入日期的位置，单击"插入"选项卡|"文本"组|"日期和时间"命令，打开"日期和时间"对话框，选择日期格式，勾选"自动更新"复选框，单击"确定"按钮，如图 2.4 所示，将在插入点插入自动更新的日期。

⑥ 在文档中利用组合键实现手动换行、分段、手动分页，查看"分页符"标记。

【参考步骤】

手动换行、分段、手动分页可以使用 Shift+Enter 组合键、Enter、Ctrl+Enter 组合键。单击"开始"选项卡|"段落"组|"显示/隐藏编辑标记"命令，可以显示/隐藏特殊标记。手动分页符的标记为"————分页符————"。

（2）先通过 Word 打开本书提供的"word2016 教材.docx"Word 文档，另存为同名的 PDF 文档；再通过 Word 打开刚才保存的 PDF 文档，另存为"Word2016 教材 11.docx"Word 文档。比较源文档和转换后的 Word 文档内容和格式差别。

图 2.4 "日期和时间"对话框

【参考步骤】

步骤 1：打开"word2016 教材.docx"Word 文档，单击"文件"选项卡|"另存为"命令，打开"另存为"对话框，选择保存位置，选择"保存类型"下拉列表中"PDF"，单击"保存"按钮，如图 2.5 所示。

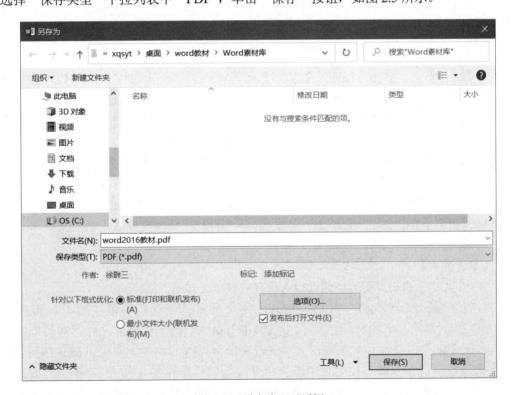

图 2.5 "另存为"对话框

步骤 2：Word 2016 可以直接打开 PDF 文档，这是 Word 2016 新增的功能。单击"文件"选项卡|"打开"命令，选择要打开的文件夹，弹出"打开"对话框，选择打开

类型为"PDF Files"，选定要打开的文件，单击"打开"按钮，如图 2.6 所示。

图 2.6 "打开"对话框

步骤 3：单击"打开"按钮，系统会提示用 Word 文档打开的文档会和 PDF 源文件有差别，但可以编辑。用 Word 打开 PDF 文档，文件类型仍然是 PDF 文件。

步骤 4：再单击"文件"选项卡|"另存为"命令，打开"另存为"对话框，文件名为"word2016 教材 11.docx"，文件保存类型设为 Word 文档。

步骤 5：转换后的 Word 文档和源文档的内容和格式会有很多变化。例如段落标记符前增加了空格，源文档的标题 1、标题 2、标题 3 样式改变了，所以 PDF 文档转换为 Word 文档，还需继续编辑。

（3）把本书提供的"word2016 教材.docx"Word 文档内容插入"输入文本.docx"中。观察是否带格式插入，观察图片等对象能否插入。

【参考步骤】

Word 文档里的文本还可以通过插入已有的整个文件的方法得到。

打开"输入文本.docx"文档，插入点定位到文档最后，单击"插入"选项卡|"文本"组|"对象"下拉按钮|"文件中的文字"命令，打开"插入文件"对话框，从中选择所要插入的文件（如果当前文件夹没有所要插入的文件，则可以在文件列表框左侧的列表框或上方的下拉列表中选择所要插入文件所在的文件夹），单击"插入"按钮即可，如图 2.7 所示。插入后可以看到，源文档的格式和图片等对象也能插入当前文档中。

（4）对"输入文本.docx"Word 文档中的文本进行删除、复制和移动操作。

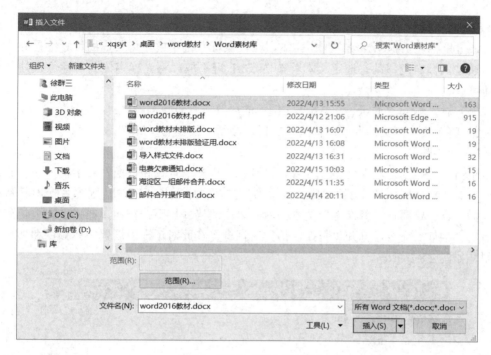

图 2.7 "插入文件"对话框

① 利用删除键删除插入点前字符、插入点后字符、分页符。

【参考步骤】

键盘上的删除键有 Backspace 键和 Delete 键。选定需要删除的文本，按下其中一个删除键，可删除选定的文本。两个删除键的区别：在插入点位置不变的情况下，按 Backspace 键可删除文本插入点前面的字符；按 Delete 键则可删除文本插入点后面的字符。

显示编辑标记，把插入点置于"分页符"前面，按 Delete 键即可删除分页符。

② 利用剪贴板，将文档中第 1 页的红色文本复制到蓝色文本区域，分别使用 4 种粘贴选项查看效果。

【参考步骤】

选定文本，单击"开始"选项卡|"剪贴板"组|"复制"命令。定位到目标位置，单击"开始"选项卡|"剪贴板"组|"粘贴"下拉按钮|"粘贴选项"命令，选择一种粘贴选项。

4 种粘贴选项的含义如下：

● "保留源格式"：被粘贴文本格式与源位置格式一致，与目标格式无关。
● "合并格式"：被粘贴文本保留源位置格式，并且合并目标位置格式。源位置格式和目标位置格式冲突时，以目标位置格式为准。
● "图片"：被粘贴文本转换成为图片。
● "只保留文本"：被粘贴文本格式与源位置格式无关，与目标位置格式一致。

③ 分别使用鼠标左键和右键拖放的方法移动文本。

【参考步骤】

通过鼠标左键拖动移动：选定文本，按住鼠标左键不放，将其拖到目标位置处。

通过鼠标右键移动：选定文本，按住 Ctrl 键不放，将光标定位到目标位置处，右击即可。

（5）对"输入文本.docx"Word 文档中的内容进行查找与替换。

① 将全文中"文档"一词替换成加粗、倾斜、红色的"File"。

【参考步骤】

单击"开始"选项卡|"编辑"组|"替换"，打开"查找和替换"对话框，在"查找内容"文本框中输入"文档"；在"替换为"文本框中输入"File"，因为替换内容带格式，插入点一定要在"替换为"文本框内，单击"格式"下拉按钮，在弹出的下拉列表中单击"字体"命令，打开"替换字体"对话框，在此对话框中设置字体颜色和加粗、倾斜，如图 2.8 所示。

图 2.8　带格式的替换

② 将使用"标题 3"样式的文本中的"文本"一词替换成红色"文本"。

【参考步骤】

打开"查找和替换"对话框，在"查找内容"文本框中输入"文本"，单击"格式"下拉按钮，在弹出的下拉列表中单击"样式"命令，打开"查找样式"对话框，选择"标题 3"样式；在"替换为"文本框中输入"文本"，设置替换格式，如图 2.9 所示。如果替换格式有上一次操作的格式设置，则单击"不限定格式"按钮即可清除。

③ 删除所有的"红色文本"；删除后撤销删除操作。

【参考步骤】

打开"查找和替换"对话框，因为查找内容无法确定，所以"查找内容"文本框为空，"查找格式"设置为红色；"替换为"文本框内容为空，"替换格式"一定要确保清除，如图 2.10 所示。单击"全部替换"按钮，则全文所有的红色文本都删除了。单击快速访问工具栏"撤销"按钮，即可撤销刚才的删除操作。

图 2.9　带格式的查找与带格式的替换　　　图 2.10　查找和替换批量删除指定格式文本

④ 删除所有空段落。

【参考步骤】

因为空段落和上一个段落的段落标记符是连续的，所以查找文档中连续两个段落标记符，替换为一个段落标记符，相当于删除了 1 个空段落。

打开"查找和替换"对话框，插入点定位于"查找内容"文本框内，单击"特殊格式"下拉按钮，单击"段落标记"，插入点定位于"替换为"文本框内，单击"特殊格式"下拉按钮，如图 2.11 所示。单击"全部替换"按钮，Word 会提示已经完成多少处替换，如果替换次数不是 0，再次单击"全部替换"按钮，直到替换次数为 0 为止。

（6）如何对输入的字符或图形重复输入？重复和恢复在什么状态下出现？

【参考步骤】

在没有进行撤销操作的情况下，"恢复"按钮会显示为"重复"按钮，对其单击或按 Ctrl+Y 组合键可重复上一步操作。首先输入要重复的字符或图形，例如键盘输入"文本"，然后单击快速访问工具栏"重复"按钮或者按 Ctrl+Y 组合键可以实现重复输入。

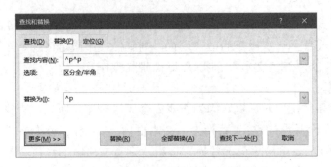

图 2.11　查找和替换删除所有空段落

在执行撤销操作后，快速访问工具栏中的"重复"按钮将变为"恢复"按钮，这时，可以使用恢复功能，单击"恢复"按钮就可以恢复之前的撤销操作。

（7）在"输入文本.docx"文档中，选定所有的"标题 3"样式的标题。

【参考步骤】

选定格式相似的文本，只是针对格式相似的文本，与文本的内容无关。要选定所有"标题 3"样式的标题，先选定或光标定位到任何一个"标题 3"样式的标题，单击"开始"选项卡|"编辑"组|"选择"|"选定所有格式类似的文本"命令，所有"标题 3"样式的标题被选定。

2.2　实验 2——文档排版

1．实验目的

（1）熟练掌握字符格式和段落格式操作。

（2）掌握项目符号和编号的使用。

（3）掌握边框和底纹的设置。

（4）掌握清除格式和复制格式的方法。

（5）熟练掌握样式的操作。

2．实验内容

（1）打开本书提供的"Word 教材未排版.docx" Word 文档，另存为"Word 教材排版后.docx" Word 文档，进行排版。

① 整篇文档的单词"首字母大写"；快速选定一句话，设置"红色双下划线"；快速选定某段落，设置"双删除线"。

② 不修改正文样式，通过段落格式设置整篇文档的正文"首行缩进 2 字符"；设置某一个段落，"左缩进 4 字符、右缩进 2 厘米，段前距 0.5 行，段后距 18 磅"；将此段落格式应用到另一个段落上。

③ 将①和②设置的选定文本格式和某一个段落格式清除。

④ 选定一个段落，设置"首字下沉 2 行、字体为隶书"；选定 4 个汉字，设置宽度为"8 个字符"；选定一段文本，设置"双行合一"。

（2）将文档中的"第 5 章 …"段落使用"标题 1"样式；"5.1…"、"5.2…"和"参考文献"等所在段落使用"标题 2"样式，"5.1.1…"和"5.2.2…"等所在段落使用"标题 3"样式，"1.…"和"2.…"等所在段落使用"标题 5"样式。

（3）将本书提供的"导入样式.docx"Word 文档中的样式导入"Word 教材排版后.docx"Word 文档中，导入"标题 1"、"标题 2"、"标题 3"、"标题 5"、"图例"和"图片格式"样式。观察之前设置的"标题 1"、"标题 2"、"标题 3"和"标题 5"样式的格式变化。

（4）修改"正文"样式，解释整篇文档已设置"首行缩进 2 字符"，而"正文"样式的段落格式无首行缩进的原因。将"正文"样式段落格式设置为"首行缩进 2 字符、1.5 倍行距"。

（5）新建一个名为"表格标题"的样式，样式基准为"正文"样式，后续段落样式为"正文"样式，字体格式设置为"黑体、小五、红色"，段落格式设置为"居中、段前 0.5 行"。观察后续段落样式为"表格标题"样式与后续段落样式为"正文"样式的区别。

（6）选定多行文本，设置"蓝色、双线型、1.5 磅"的字符边框和"金色、个性 4、淡色 80%"颜色的字符底纹；选定一个段落，设置"阴影、绿色、4.5 磅"的段落边框、"深色竖线"图案和"金色、个性4、淡色80%"颜色的段落底纹。

（7）自备图片，把自备图片作为参考文献的项目符号；把参考文献的项目符号换成编号"[1] [2] [3]…"，调整编号和正文间隔一个空格，文本缩进"0 厘米"。

3. 实验参考步骤

（1）打开本书提供的"Word 教材未排版.docx"Word 文档，另存为"Word 教材排版后.docx"Word 文档，进行排版。

① 整篇文档的单词"首字母大写"；快速选定一句话，设置"红色双下划线"；快速选定某段落，设置"双删除线"。

【参考步骤】

选定全文，单击"开始"选项卡|"字体"组|"更改大小写"下拉按钮|"每个单词首字母大写"命令。"字体"组如图 2.12 所示。

按住 Ctrl 键不放，在要选定的句子处单击鼠标左键，可快速选定一句话。单击"字体"组|"下划线"下拉按钮，弹出下拉列表，在下拉列表中选择下划线样式为"双下划线"，下划线颜色选择标准色"红色"。

双击段落左边的文本选择区，可快速选定段落。单击"开始"选项卡 |"字体"组右边的对话框启动按钮 ，打开"字体"对话框，勾选效果区域下的"双删除线"复选框。

提示：双删除线、着重号、隐藏、字符间距、字符位置等操作，需在"字体"对话框中设置。

② 不修改正文样式，通过段落格式设置整篇文档的正文"首行缩进 2 字符"；设置某一个段落，"左缩进 4 字符、右缩进 2 厘米，段前距 0.5 行，段后距 18 磅"；将

此段落格式应用到另一个段落上。

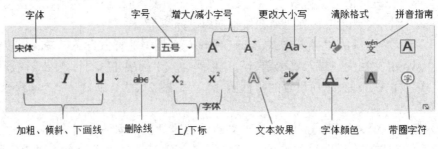

图 2.12 "字体"组

【参考步骤】

选定全文，单击"开始"选项卡|"段落"组右边的对话框启动按钮，打开"段落"对话框，缩进区域下"特殊格式"下拉列表中选择"首行缩进"，"缩进值"设为"2 字符"。

选定某一个段落，打开"段落"对话框，按要求进行设置。注意度量单位如果不符合要求，可以自己输入度量单位，"段落"对话框如图 2.13 所示。

图 2.13 "段落"对话框

只复制段落格式，无须选定源段落，插入点只需在源段落内即可，单击"开始"选项卡|"剪贴板"组|"格式刷"，在目标段落内（最好在段落标记符前）单击格式刷，即可复制源段落格式到目标段落。

③ 将①和②设置的选定文本格式和某一个段落格式清除。

【参考步骤】

选定文本，单击"开始"选项卡|"字体"组|"清除所有格式"命令，所选文本的格式恢复到默认格式。如果选定整个段落，则"清除所有格式"命令不仅可以清除文本格式，而且可以清除段落格式。

④ 选定一个段落，设置"首字下沉 2 行、字体为隶书"；选定 4 个汉字，设置宽度为"8 个字符"；选定一段文本，设置"双行合一"。

【参考步骤】

将插入点移至需首字下沉的段落中，单击"插入"选项卡|"文本"组|"首字下沉"下拉按钮|"首字下沉选项"命令，打开"首字下沉"对话框，在对话框的"位置"选项区域选择"下沉"选项，在"选项"选项区域，设置字体、下沉行数等，设置完毕，单击"确定"按钮即可，如图 2.14 所示。

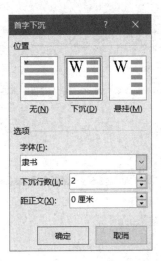

图 2.14 "首字下沉"对话框

选定 4 个汉字，单击"开始"选项卡|"段落"组|"中文版式"下拉按钮，在打开的下拉列表中选择"调整宽度"命令，打开"调整宽度"对话框，"新文字宽度"设为"8 字符"，单击"确定"按钮即可。

选定文本，单击"开始"选项卡|"段落"组|"中文版式"下拉按钮，在打开的下拉列表中选择"双行合一"命令，打开"双行合一"对话框，进行相应设置后，单击"确定"按钮即可。

（2）将文档中的"第 5 章 …"段落使用"标题 1"样式；"5.1…"、"5.2…"和"参考文献"等所在段落使用"标题 2"样式，"5.1.1…"和"5.2.2…"等所在段落使用"标题 3"样式，"1.…"和"2.…"等所在段落使用"标题 5"样式。

【参考步骤】

选定"第 5 章 …"段落，单击"开始"选项卡|"样式"组|快速样式库中的"标题1"样式。

选定"5.1…"所在段落，单击"开始"选项卡|"样式"组|快速样式库中的"标题2"样式，双击"开始"选项卡|"剪贴板"组|"格式刷"，利用格式刷把"5.2…"和"参考文献"等所在段落设置成"标题 2"样式。完成后，再次单击"开始"选项卡|"剪贴板"组|"格式刷"，退出格式刷。同样办法可以设置"5.1.1…"和"5.2.2…"等所在段落使用"标题 3"样式。

提示：如果文档中的使用"标题 3"样式的段落很多，用格式刷复制格式太慢且容易遗漏，最便捷的办法就是用"查找与替换"功能，涉及通配符的使用，在此不做介绍。

"1.…"和"2.…"等所在段落使用"标题 5"样式，但是快速样式库中没有"标题5"样式。单击"开始"选项卡|"样式"组右边的对话框启动按钮，打开"样式"对话框，单击最下方的"管理样式"按钮，打开"管理样式"对话框，单击"推荐"选项卡，滑动滚动条，选定要显示的样式，通常用灰色显示，再单击"显示"按钮，单击"确定"按钮，隐藏的样式就会出现在快速样式库中，如图 2.15 所示。

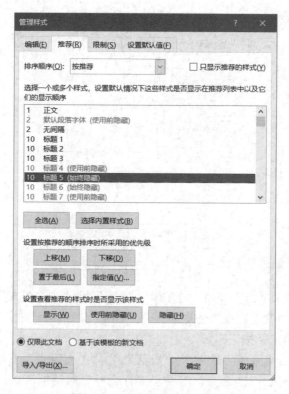

图 2.15 "管理样式"对话框

提示：如果"标题 5"样式后显示"（使用前隐藏）"，只要先使用"标题 4"样式，"标题 5"样式就自动出现在快速样式库中。如果"标题 5"样式后显示"（始终隐藏）"，则需要打开管理样式对话框设置。

（3）将本书提供的"导入样式.docx"Word 文档中的样式导入"Word 教材排版后.docx"Word 文档中，导入"标题 1"、"标题 2"、"标题 3"、"标题 5"、"图例"和"图片格式"样式。观察之前设置的"标题 1"、"标题 2"、"标题 3"和"标题 5"样式的格式变化。

【参考步骤】

在"Word 教材排版后.docx"Word 文档中打开"管理样式"对话框，单击左下角"导入/导出"按钮，打开"管理器"对话框。导入/导出界面分为左、右两个部分，左边部分列出当前打开文档的样式，右边部分需先单击"关闭文件"按钮，再单击"打开文件"按钮，弹出"打开"对话框，注意打开类型修改为"Word 文档"，找到要导入样式的 Word 文档，单击"打开"按钮，导入/导出界面右边部分就列出另一个 Word 的样式。选定某个样式，单击"复制"按钮，该样式就导入左边文档中，如图 2.16 所示。

将样式导入当前文档后，会发现原有的样式格式会变成导入的样式格式。新的样式会自动添加到快速样式库中。

提示：本案例可能会出现重复编号，如"5.1 5.1"。第一个 5.1 是 Word 编号，第二个是手动输入的编号。本案例取消第一个编号，例如取消"标题 3"样式前 Word 编号，利用"选择格式类似的文本"选定所有的使用"标题 3"样式的段落，单击"开始"选项卡|"段落"组|"多级列表"下拉按钮，在下拉列表"列表库"选择"无"。

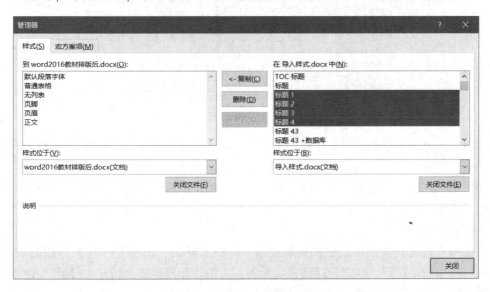

图 2.16　导入/导出样式

（4）修改"正文"样式，解释整篇文档已设置"首行缩进 2 字符"，而"正文"样式的段落格式无首行缩进的原因。将"正文"样式段落格式设置为"首行缩进 2 字符、1.5 倍行距"。

【参考步骤】

通过选定文本设置的字体和段落格式属于个性，通过样式设置的字体和段落格式属于共性。当个性和共性发生冲突时，以个性为准。不修改正文样式，通过段落格式设置整篇文档的正文"首行缩进 2 字符"就属于个性。

插入点定位在使用正文样式的文本，右击快速样式库中"正文"，弹出快捷菜单，单击"修改"命令，打开"修改样式"对话框，如图 2.17 所示。单击"格式"下拉按钮，在下拉列表中选择"段落"，打开段落对话框，按要求进行设置。

图 2.17 "修改样式"对话框

（5）新建一个名为"表格标题"的样式，样式基准为"正文"样式，后续段落样式为"正文"样式，字体格式设置为"黑体、小五、红色"，段落格式设置为"居中、段前 0.5 行"。观察后续段落样式为"表格标题"样式与后续段落样式为"正文"样式的区别。

【参考步骤】

插入点定位到要使用新建样式的文本，单击"开始"选项卡|"样式"组右边的对话框启动按钮，打开"样式"对话框，单击下方的"新建样式"按钮，打开"根据格式设置创建新样式"对话框，按要求设置格式，如图 2.18 所示。

若后续段落样式为"表格标题"样式，则应用此样式后，按 Enter 键，下一段落的格式自动使用"表格标题"样式。

（6）选定多行文本，设置"蓝色、双线型、1.5 磅"的字符边框和"金色、个性 4、淡色 80%"颜色的字符底纹；选定一个段落，设置"阴影、绿色、4.5 磅"的段落边框、"深色竖线"图案和"金色、个性 4、淡色 80%"颜色的段落底纹。

根据格式设置创建新样式

属性

名称(N): 表格标题

样式类型(T): 段落

样式基准(B): ↵正文

后续段落样式(S): ↵正文

格式

黑体 五号 **B** *I* U 中文

前一段落

示例文字 示例文字 示例文字 示例文字 示例文字 示例文字 示例文字 示例文字 示例文字 示例文字 示例文字 示例文字 示例文字 示例文字 示例文字 示例文字 示例文字 示例文字

下一段落

字体: (中文) 黑体, (默认) Calibri, 字体颜色: 红色, 居中, 段落间距
段前: 0.5 行, 样式: 在样式库中显示
基于: 正文
后续样式: 正文

☑ 添加到样式库(S) ☐ 自动更新(U)
◉ 仅限此文档(D) ◯ 基于该模板的新文档

格式(O)▾   确定   取消

图 2.18 "根据格式设置创建新样式"对话框

【参考步骤】

选定多行文本,单击"开始"选项卡|"段落"组|"边框"下拉按钮|"边框和底纹"命令,打开"边框和底纹"对话框。首先设置边框类型,其次依次设置样式、颜色、宽度,最后"应用于"下拉列表选择"文字"。单击"底纹"选项卡,设置填充颜色为"金色、个性 4、淡色 80%"的主题色,"应用于"下拉列表选择"文字",效果如图 2.19 所示。

选定一个段落,打开"边框和底纹"对话框。首先设置边框类型为"阴影",其次依次设置颜色、宽度,最后,"应用于"下拉列表选择"段落"。单击"底纹"选项卡,设置填充图案为"深色竖线",图案填充颜色为"金色、个性 4、淡色 80%"的主题色,"应用于"下拉列表选择"段落",边框和底纹效果如图 2.19 所示。

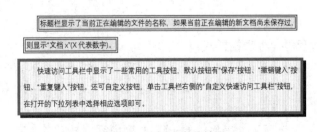

图 2.19 边框和底纹效果

(7)自备图片,把自备图片作为参考文献的项目符号;把参考文献的项目符号换成

编号"[1] [2] [3]…"，调整编号和正文间隔一个空格，文本缩进"0 厘米"。

【参考步骤】

选定所有参考文献，单击"开始"选项卡|"段落"组|"项目符号"下拉按钮，在展开的"项目符号库"中单击"定义新项目符号"命令，打开"定义新项目符号"对话框，单击"图片"命令，弹出"插入图片"对话框，选择合适图片，单击"插入"按钮，则选中的图片就成为项目符号。

选定所有参考文献，单击"开始"选项卡|"段落"组|"编号"下拉按钮，在展开的"编号库"中单击"定义新编号格式"命令，打开"定义新编号格式"对话框，进行自定义新编号。删除原有的手动输入编号，单击一个编号（不是内容），在编号上右击，弹出快捷菜单，在快捷菜单中单击"调整列表缩进"命令，打开"调整列表缩…"对话框，设置文本缩进值"0 厘米"，编号之后是"空格"，如图 2.20 所示。

图 2.20 "调整列表缩…"对话框

提示：项目符号和编号应用对象是段落；同一个段落，项目符号和编号不能共存，当然手动输入的不算。

2.3 实验3——表格制作

1. 实验目的

（1）掌握创建表格的方法。

（2）掌握表格的编辑操作。

（3）掌握格式化表格的方法。

2. 实验内容

（1）在 Word 文档中插入一个 10 行、4 列的表格，用拖动鼠标的方法调整总高度和总宽度，表格居中，第一行行高精确调整为 1 厘米，第一列列宽手动调整宽度变窄，剩下 3 列平均分布。

（2）先将（1）创建的表格从第 6 行开始，拆分成两个表格；再把两个表格合并成一个表格。给表格套用一种表格样式。

（3）表格第一列单元格内依次输入序号 1、2、3、4、…、10，在 5 和 6 之间插入一行，新插入行合并成一个单元格；将表格内容对齐方式设置为水平和垂直都居中。

（4）制作如图 2.21 所示的表格。

（5）制作如图 2.22 所示的表格，要求第 1 列内容冒号对齐；第 2 列内容下面有表格框线。

家长会通知

学生姓名		班级		
家长姓名		与学生关系		联系电话	
是否参加		是（ ）	否（ ）	
		家长签名	年 月 日	
意见反馈				

图 2.21 家长会通知表格样例

专　　业　　：　　通信工程

答　辩　人　　：　　张三

指导教师、职称：　　李四 教授

完 成 时 间 ：　2022 年 4 月 20 日

图 2.22 论文封面表格样例

3．实验参考步骤

（1）在 Word 文档中插入一个 10 行、4 列的表格，用拖动鼠标的方法调整总高度和总宽度，表格居中，第一行行高精确调整为 1 厘米，第一列列宽手动调整宽度变窄，剩下 3 列平均分布。

【参考步骤】

单击"插入"选项卡|"表格"组|"表格"下拉按钮|"插入表格"命令，打开"插入"表格对话框，输入列数和行数，其他默认。

将鼠标指针指向表格的任意位置，表格的右下角会出现一个正方形的表格控制柄，拖动控制柄，可以快速随意地改变表格的大小，从而调整表格的总高度和总宽度，并且实现行高和列宽自动平均分布。

将插入点置于表格内，单击表格左上方会出现一个表格控制符 ⊞，从而选定整个表格，单击"开始"选项卡|"段落"组|"居中"，整个表格居中。

选定第 1 行，单击"表格工具—布局"选项卡|"单元格大小"组右边的对话框启动按钮，打开"表格属性"对话框。单击"行"选项卡，勾选"指定高度"前的复选框，在其后的文本框中输入"1 厘米"，单击"确定"按钮。

将鼠标指针指向要调整列宽的列线上，直到鼠标指针变成"↔"形状，按住鼠标左键，会出现一条垂直的虚线指示改变后的列宽，按住鼠标左键向左移动，即可调整表格列宽变窄。

选定第 2、3、4 列，单击"单元格大小"组|"分布列"命令，可以让选定的列的宽度平均分布。

（2）先将（1）创建的表格从第 6 行开始，拆分成两个表格；再把两个表格合并成一个表格。给表格套用一种表格样式。

【参考步骤】

将插入点定位到表格的第 6 行上，单击"合并"组|"拆分表格"命令，表格的第 6 行上方自动插入一个段落标记符，表格也就一分为二了。

要把两个表格合并成一个表格，只需将两个表格之间的段落标记符删除，两个表格就合并成一个表格。

将插入点定位于要格式化的表格内，单击"表格工具—表设计"选项卡|"表格样

式"组|表格样式列表框中的相应样式，可选择一种内置的表格样式。

（3）表格第一列单元格内依次输入序号 1、2、3、4、…、10，在 5 和 6 之间插入一行，新插入行合并成一个单元格；将表格内容对齐方式设置为水平和垂直都居中。

【参考步骤】

选定第 6 行，单击"表格工具—布局"选项卡|"行和列"组|"在上方插入"命令，在 5 和 6 之间插入一行。选定新插入行，单击"表格工具—布局"选项卡|"合并"组|"合并单元格"命令。选定整个表格，单击"表格工具—布局"选项卡|"对齐方式"组中的相应对齐方式。

（4）制作如图 2.21 所示的表格。

【参考步骤】

步骤 1：如图 2.21 所示的表格样例是一个不规范表格，制作不规范表格的第一步是创建一个规范表格，尽量把不规范表格想象成更多行和列的规范表格，然后通过合并单元格的方式，让规范表格慢慢变为不规范表格。参考表格样例，首先插入一个 6 行 6 列的表格。

步骤 2：目测表格样例，先手动调整表格的总高度和总宽度，再手动调整行高。第 1 行行高和第 6 行行高单独调整，调整完后，选定第 2、3、4、5 行，平均分布行高。表格居中。

步骤 3：参考表格样例，合并单元格。

步骤 4：参考表格样例，设置表格内文本对齐方式和字体格式。选定第 6 行第 1 个单元格，单击"对齐方式"组|"文字方向"，让文字竖排，字间距利用"开始"选项卡|"段落"组|"中文版式"|"调整宽度"调整。

步骤 5：这是最关键的一步，设置表格边框。观察样表，边框样式使用了 3 种，分别是表格第 1 行的上边框以及第 2、3、4、5、6 行的外边框和内框。

选定第 1 行，单击"表格工具—表设计"选项卡|"边框"组|"边框"下拉按钮，在下拉列表中单击"边框和底纹"命令，打开"边框和底纹"对话框。"设置"选择"自定义"；"样式"选择"点-短线"样式；颜色为"黑色"；宽度设为"2.25 磅"；在预览框中单击上框线，让上框线显示为"点-短线"样式，下框、左框和右框都无框线，"应用于"选择"单元格"，如图 2.23（a）所示。

选定第 2、3、4、5、6 行，打开"边框和底纹"对话框。"设置"选择"自定义"；选择合适的样式、颜色和宽度；预览框中单击外框线，让上框、下框、左框和右框都显示指定样式的框线，单击内横线和内竖线，使之不显示框线，"应用于"选择"单元格"，如图 2.23（b）所示。

内横线和内竖线的操作与外框线设置相似，不再介绍。

（5）制作如图 2.22 所示的表格，要求第 1 列内容冒号对齐；第 2 列内容下面有表格框线。

【参考步骤】

如图 2.22 所示的表格通常出现在文档的封面，如毕业论文。利用表格控制文档的内容，移动方便，表格内容下方加框线，框线长度固定，修改列宽就可以修改框线长度。

| (a) | (b) |

图 2.23　表格自定义框线

步骤 1：参考表格样例，插入 2 列、4 行的表格；调整合适的表格高度和宽度；平均分布行，手动调整列宽；移动表格到页面合适位置；表格居中。

步骤 2：输入内容，选定表格，设置表格内容对齐方式为"靠下居中对齐"；选定第 1 列，加粗，单击"开始"选项卡|"段落"组|"分散对齐"，实现第 1 列内容冒号对齐。

步骤 3：选定整个表格，打开"边框和底纹"对话框，"设置"选择"无框线"。选定第 2 列，打开"边框和底纹"对话框，"设置"选择"自定义"，只保留内横线和下框线，"应用于"选择"单元格"，如图 2.24 所示。

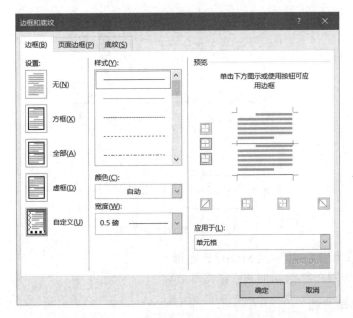

图 2.24　单元格内横线和下框线设置

2.4 实验4——图文混排

1．实验目的

（1）掌握插入图片、编辑和格式化图片操作。

（2）掌握插入形状、编辑和格式化形状操作。

（3）掌握 SmartArt 图形的制作。

（4）熟练掌握文本框的使用。

（5）掌握艺术字的插入与编辑方法。

2．实验内容

（1）在 Word 文档中插入联机图片，搜索"牛"，类型为"照片"。

（2）复制插入的图片，对复制的图片进行适当裁剪，裁剪背景区域，并尝试恢复裁剪前的状态。对裁剪图片进行压缩，尝试压缩后的图片能否恢复裁剪前的状态。

（3）再复制插入的图片，对复制的图片删除背景。尝试删除背景的图片能否恢复原样。

（4）将第 1 个插入的图片的颜色重新着色为"冲蚀"效果，环绕方式设为"衬于文字下方"，适当调整图片大小，移动图片位置，让图片作为某段文字的背景。

（5）在 Word 文档中插入正方形、圆、正五角星；插入垂直箭头、向右倾斜 45°的箭头、水平箭头，控制插入的形状以极微小的距离移动。

（6）制作如图 2.25 所示的框图。

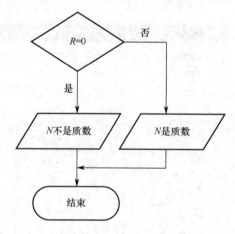

图 2.25　制作框图样例

（7）制作如图 2.26 所示的 SmartArt 图形。

（8）制作如图 2.27 所示的艺术字文本效果。

3．实验参考步骤

（1）在 Word 文档中插入联机图片，搜索"牛"，类型为"照片"。

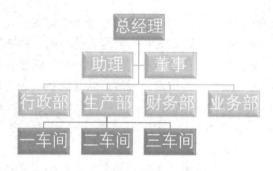

图 2.26　制作 SmartArt 图形样例

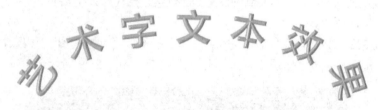

图 2.27　艺术字文本效果样例

【参考步骤】

　　将插入点置于要插入图片的位置，单击"插入"选项卡|"插图"组|"联机图片"命令，打开"插入图片"对话框，在"搜索必应"文本框内输入"牛"后，按 Enter键，打开"联机图片"对话框，单击"类型"按钮，在弹出的列表框中单击"照片"，与"牛"有关的照片出现在界面里，选定要插入的图片，单击"插入"按钮，如图 2.28 所示。

图 2.28　插入联机图片

　　（2）复制插入的图片，对复制的图片进行适当裁剪，裁剪背景区域，并尝试恢复裁剪前的状态。对裁剪图片进行压缩，尝试压缩后的图片能否恢复裁剪前的状态。

【参考步骤】

　　选定复制的图片，单击"图片工具—格式"选项卡|"大小"组|"裁剪"按钮，图片周围出现 8 个裁剪控点，其中 4 条边上出现的 4 个控点称为中心裁剪控点，4 个角上

出现的 4 个控点称为角部裁剪控点。拖动裁剪控点即可裁剪图片。若要裁剪某一侧，则将该侧的中心裁剪控点向里拖动；若要同时均匀地裁剪两侧，则在按住 Ctrl 键的同时将任一侧的中心裁剪控点向里拖动；若要同时均匀地裁剪全部四侧，则在按住 Ctrl 键的同时将一个角部裁剪控点向里拖动。裁剪后的图片可恢复原状，选定图片，单击"图片工具—格式"选项卡|"调整"组|"重置图片"，即可恢复裁剪前的状态。

选定裁剪过的图片，单击"图片工具—格式"选项卡|"调整"组|"压缩图片"命令，打开"压缩图片"对话框。在"压缩选项"选项区域，勾选"删除图片的剪裁区域"前的复选框，单击"确定"按钮。压缩后的图片不能到恢复裁剪前的状态。

（3）再复制插入的图片，对复制的图片删除背景。尝试删除背景的图片能否恢复原样。

【参考步骤】

选定复制的图片，单击"图片工具—格式"选项卡|"调整"组|"删除背景"命令，"图片工具"选项卡旁边会出现"背景消除"选项卡，如图 2.29 所示。

图 2.29 "背景消除"选项卡

如果自动选定的删除区域不正确，单击"标记要保留的区域"命令，鼠标指针变成笔形指针，指针划过的区域为要保留的区域；单击"标记要删除的区域"命令，鼠标指针变成笔形指针，指针划过的区域为不想保留的区域。完成后，单击"保留更改"。删除背景效果图如图 2.30 所示。

选定删除背景的图片，单击"图片工具—格式"选项卡|"调整"组|"重置图片"，即可恢复到背景删除前的状态。

（4）将第 1 个插入的图片的颜色重新着色为"冲蚀"效果，环绕方式设为"衬于文字下方"，适当调整图片大小，移动图片位置，让图片作为某段文字的背景。

图 2.30 删除背景效果图

【参考步骤】

选定图片，单击"图片工具—格式"选项卡|"调整"组|"颜色"下拉按钮|"重新着色"|"冲蚀"，图片就变得不艳丽了。

选定图片，单击"图片工具—格式"选项卡|"排列"组|"环绕文字"下拉按钮，弹出"环绕文字"下拉列表，可选择"衬于文字下方"环绕方式。

调整图片大小，移动图片位置到指定文字或段落处，最终效果如图 2.31 所示。

如果插入点位置，不满一页要强行分页，按下快捷键"Ctrl+回车"，可在插入点位置插入页符，插入点之后文本到了下一页。
为了方便表格边框样式的设置，Word 提供了一个和"格式刷"工具类似的"边框刷"工具，用该工具能够方便地对单元格的边框进行设置，并将单元格边框样式复制到其他单元格
将插入点放置到表格内，单击"表格工具—设计"选项卡|"边框"组|"边框样式"下拉列表中择边框样式，在"边框"组|"笔画粗细"下拉列表中设置笔画粗细，在"边框"组|"笔颜色"列表设置笔画颜色，完成设置后单击"边框"组|"边框刷"按钮，如图所示。然后在单元格的边框上单击即可将设置的边框样式应用到该边框线上。
在"边框"组|"边框样式"下拉列表中单击"边框取样器"命令，此时鼠标指针变为吸管形，某个单元格边框中单击即可获取该边框的样式，此时，鼠标指针变为"边框刷"笔形，在单

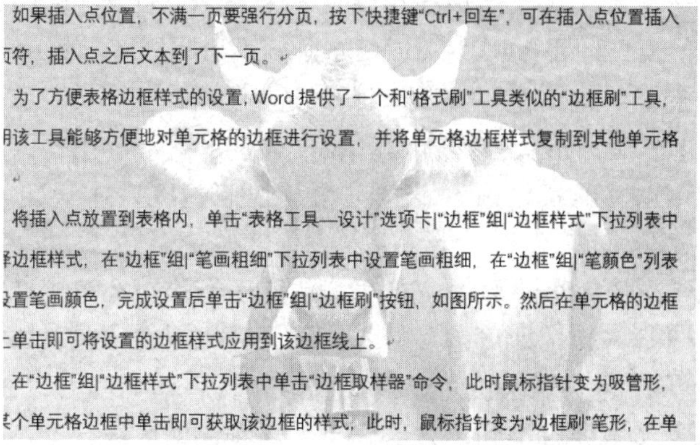

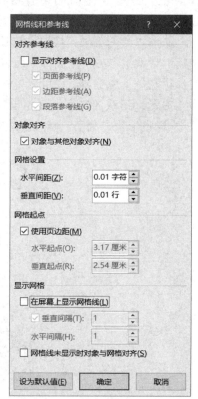

图 2.31　图片“衬于文字下方”效果图

（5）在 Word 文档中插入正方形、圆、正五角星；插入垂直箭头、向右倾斜 45° 的箭头、水平箭头，控制插入的形状以极微小的距离移动。

【参考步骤】

Word 自带形状没有正方形、圆、正五角星等特殊形状，要插入这些特殊形状，如插入正方形，先单击“插入”选项卡|“插图”组|“形状”下拉按钮，在“形状”下拉列表中单击“矩形”形状，然后按住 Shift 键不放，拖动鼠标，插入的形状为正方形。利用 Shift 键，还可以插入水平、垂直或固定角度的直线或箭头。

为控制形状以极微小的距离移动，可选定形状，单击“绘图工具—格式”选项卡|“排列”组|“对齐”下拉按钮|“网格设置”命令，打开“网格线和参考线”对话框，如图 2.32 所示。在“水平间距”和“垂直间距”数值框中，设置最小值，即 0.01 字符和 0.01 行，单击“确定”按钮。再按键盘的方向键，形状将以 0.01 字符和 0.01 行为单位横向和纵向移动。此外，还可以选定形状，按住 Ctrl 键的同时使用方向键来进行微小距离的移动。

图 2.32　“网格线和参考线”对话框

（6）制作如图 2.25 所示的框图。

【参考步骤】

步骤 1：因为插入形状默认环绕方式是浮动式，所以插入形状前按 Enter 键，留出足够的空间。单击“插入”选项卡|“插图”组|“形状”下拉按钮，弹出下拉列表，列表中有大量的 Word 自带形状，以插入“流程图：决策”形状为例，单击“流程图：决策”

命令，鼠标指针变成十字状，在预留空间位置拖动鼠标，即可插入相应的形状。

步骤 2：插入形状后，形状的填充色默认为"蓝色、个性色 1"、字体颜色为"白色"。选定形状，单击"绘图工具—格式"选项卡|"形状样式"组|"形状填充"下拉按钮，在下拉列表中选择"无填充"，意味着背景透明，形状不会遮挡其他内容。

步骤 3：插入形状后，形状外围有轮廓线。选定形状，单击"绘图工具—格式"选项卡|"形状样式"组|"形状轮廓"下拉按钮，在下拉列表中设定轮廓的颜色为"黑色"、粗细为"1.5 磅"。

步骤 4：选定要添加文字的形状，右击，从弹出的快捷菜单中选择"添加文字"命令，形状内出现文本插入点，即可输入文本，并且可以对输入的文本进行排版，如改变字体、字号和颜色等。因为形状设为无填充色，默认字体颜色为"白色"，文档背景如果也是白色，则输入文字会看不到，只需修改字体颜色即可。

步骤 5：框图中的"是"和"否"可在文本框中输入。文本框设为无填充色、无轮廓。箭头和直线的调整可使用微调技巧。

步骤 6：绘制图形的最后一步是对编辑和格式化好的多个形状进行组合，使之成为一个整体。应当注意的是，只有浮动式对象才能进行组合。

选定当前页面中任何一个形状，单击"绘图工具—格式"选项卡|"排列"组|"选择窗格"命令，在页面右边会显示"选择"窗格，如图 2.33 所示。在选择窗格内，可以快速选定一个或多个对象。

单击"绘图工具—格式"选项卡|"排列"组|"组合"下拉按钮|"组合"命令，选定的形状就组合成一个图形。组合后的图形还可以和其他浮动式对象再次组合。组合后的形状既是一个整体，也可以单独选定某个形状，重新编辑和格式化。

提示：形状内文字和文本框内文字默认使用的是"正文"样式，要去掉"首行缩进"，选定形状内文字，修改段落格式。

图 2.33 选择窗格

（7）制作如图 2.26 所示的 SmartArt 图形。

【参考步骤】

步骤 1：插入点置于要插入 SmartArt 图形位置，单击"插入"选项卡|"插图"组|"SmartArt"命令，打开"选择 SmartArt 图形"对话框，选择"层次结构"下的"组织结构图"布局，插入如图 2.34 所示的图形。

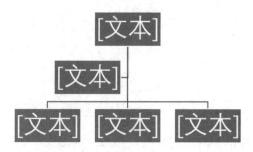

图 2.34　组织结构图

步骤 2：对比图 2.26 的效果图，缺少形状。选定 SmartArt 图形内某形状，单击"SmartArt 工具—设计"选项卡|"创建图形"|"添加形状"下拉按钮，在下拉列表中选择"在后面添加形状"、"在前面添加形状"、"在上方添加形状"、"在下方添加形状"或"添加助理"。

具体操作：首先选定最上方形状，在"添加形状"下拉列表中选择"添加助理"；其次选定第 3 行第 2 个形状，在"添加形状"下拉列表中选择"在前面添加形状"；再次选定刚才新添加形状（暂命名为形状 1），在"添加形状"下拉列表中选择"在下方添加形状"，选定形状 1，在"添加形状"下拉列表中选择"在下方添加形状"；最后选定形状 1，在"添加形状"下拉列表中选择"在下方添加形状"，添加形状效果图如图 2.35 所示。

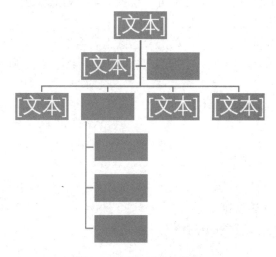

图 2.35　添加形状效果图

步骤 3：在形状内输入文本，可直接输入文本，也可以单击"创建图形"组|"文本窗格"，弹出"在此处键入文字"对话框，输入文本。输入文本效果图如图 2.36 所示。

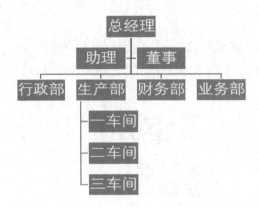

图 2.36　输入文本效果图

步骤 4：更改生产部的布局为"标准"布局。选定生产部所在形状，单击"创建图形"组|"布局"下拉按钮|"标准"命令。

步骤 5：通过套用 SmartArt 样式，可以对 SmartArt 图形快速格式化，从而创建具有设计师水准的图形。选定 SmartArt 图形，单击"SmartArt 工具—设计"选项卡|"SmartArt 样式"|"更改颜色"下拉按钮，先在弹出下拉列表中选择合适主题颜色，更改颜色后，再套用一个合适的 SmartArt 样式即可。

（8）制作如图 2.27 所示的艺术字文本效果。

【参考步骤】

步骤 1：单击"插入"选项卡|"文本"组|"艺术字"下拉按钮，在打开的下拉列表中提供了 15 种艺术字样式，选择一种样式后，在文本插入点处自动添加一个带有默认文本样式的艺术字文本框，在其中输入文本内容。字体为"微软雅黑"、加粗，无"首行缩进"。

步骤 2：选定要编辑的艺术字，单击"绘图工具—格式"选项卡|"艺术字样式"组|"文本效果"下拉按钮|"棱台"|"圆"。

步骤 3：选定要编辑的艺术字，单击"绘图工具—格式"选项卡|"艺术字样式"组|"文本效果"下拉按钮|"转换"|"上弯弧"，最终效果如图 2.27 所示。

2.5　实验 5——邮件合并

1．实验目的

（1）掌握邮件合并的方法。

（2）掌握邮件合并的规则。

（3）掌握与邮件合并有关的域操作。

2．实验内容

（1）根据数据源，利用邮件合并批量生成每个业主的电费欠费通知。数据源和最终文档效果图如图 2.37 所示。

电费欠费通知

尊敬的 **宋子丹** （先生）：

你所在的小区 **64 单元 212** 自 2022 年 01 月 08 日 至 2022 年 3 月 31 日共

欠费 **52.35** 元。请及时网上或去营业厅缴纳，谢谢合作。

烟台市电业局

2022 年 4 月 1 日

图 2.37 数据源和最终文档效果图（1）

（2）根据数据源，通过邮件合并"编辑收件人列表"的筛选和"下一记录"规则，将考生所属区域中所有"海淀区"放在一个表格内。数据源和最终文档效果图如图 2.38 所示。

组别	考生姓名	准考证号	考试科目	考生所属区域
1组	李凯*	31011326	财务管理	海淀区
1组	陈江*	11141502	经济法	海淀区
1组	张宝*	11060805	中级会计实务	丰台区
1组	李青*	11050729	中级会计实务	海淀区
2组	牛二*	11060117	中级会计实务	海淀区
2组	关明*	11400519	中级会计实务	丰台区
2组	卢薇*	11060814	中级会计实务	丰台区
2组	李凯*	11141228	经济法	丰台区
2组	张玉*	11411511	中级会计实务	丰台区
3组	贺文*	11051617	中级会计实务	丰台区
3组	朱纬*	11450110	经济法	海淀区
3组	张嘉*	11511726	经济法	海淀区
3组	周超*	11940625	财务管理	海淀区
3组	王思*	12092920	财务管理	海淀区
3组	李赫*	11492615	经济法	门头沟区
3组	亓舒*	21050326	财务管理	门头沟区

考生姓名	准考证号	所属区域
李凯*	31011326	海淀区
陈江*	11141502	海淀区
李青*	11050729	海淀区
牛二*	11060117	海淀区
朱纬*	11450110	海淀区
张嘉*	11511726	海淀区
周超*	11940625	海淀区
王思*	12092920	海淀区

图 2.38 数据源和最终文档效果图（2）

（3）根据图 2.38 所示的数据源中"组别"列，将每组的成员放在一个表格内，利用邮件合并批量生成符合要求的表格。最终文档效果图如图 2.39 所示。

1 组名单

姓名	准考证号	所属区域
李凯*	31011326	海淀区
陈江*	11141502	海淀区
张宝*	11060805	丰台区
李青*	11050729	海淀区

2 组名单

姓名	准考证号	所属区域
牛二*	11060117	海淀区
关明*	11400519	丰台区
卢薇*	11060814	丰台区
李凯*	11141228	丰台区
张玉*	11411511	丰台区

3 组名单

姓名	准考证号	所属区域
贺文*	11051617	丰台区
朱纬*	11450110	海淀区
张嘉*	11511726	海淀区
周超*	11940625	海淀区
王思*	12092920	海淀区
李赫*	11492615	门头沟区
亓舒*	21050326	门头沟区

图 2.39 最终文档效果图（3）

3．实验参考步骤

（1）根据数据源，利用邮件合并批量生成每个业主的电费欠费通知。数据源和最终文档效果图如图 2.37 所示。

【参考步骤】

步骤 1：准备好数据源，编辑并格式化主文档中的固定内容。

步骤 2：单击"邮件"选项卡|"开始邮件合并"组|"开始邮件合并"下拉按钮，在弹出的下拉列表中选择选择"信函"。

步骤 3：单击"开始邮件合并"组|"选择收件人"下拉按钮，在弹出的下拉列表中选择"使用现有列表"命令，打开"选取数据源"对话框，选择数据源"电费欠费名单.xlsx"Excel 文档，单击"打开"按钮。

步骤 4：将文本插入点定位在需要插入域名的位置，单击"邮件"选项卡|"编写和插入域"组|"插入合并域"下拉按钮，在弹出的下拉列表中选择需要插入的域名，主文档如图 2.40 所示。

步骤 5：插入合并域后，就可以生成最终合并文档了。单击"邮件"选项卡|"完成"组|"完成并合并"下拉按钮，在弹出的下拉列表中单击"编辑单个文档"命令，打开"合并到新文档"对话框，先单击"全部"单选按钮，再单击"确定"按钮。

电费欠费通知

尊敬的 «姓名» （先生）：

你所在的小区 «住址» 自 «欠费起始日期» 至 2022 年 3 月 31 日共欠

费 «欠费» 元。请及时网上或去营业厅缴纳，谢谢合作。

图 2.40   案例 1 主文档

出现问题：

查看最终文档，如图 2.41 所示，发现日期格式和数值格式不符合规范，需要通过修改域代码来解决。

电费欠费通知

尊敬的 宋子丹 （先生）：

你所在的小区 64 单元 212 自 1/8/2022 至 2022 年 3 月 31 日共欠费

52.350000000000001 元。请及时网上或去营业厅缴纳，谢谢合作。

图 2.41   案例 1 最终文档

解决方法：

在主文档中选中"欠费"域，按 Shift+F9 组合键切换域代码，将会显示{MERGEFIELD 欠费}，在"欠费"两字后面先插入空格，再插入"\#"0.00""，域代码变为{MERGEFIELD 数量\#"0.00"}。再合并文档，查看最终文档，数值显示"52.35"。

在主文档中选中"欠费起始日期"域，按 Shift+F9 组合键切换域代码，将会显示{MERGEFIELD 欠费起始日期}，在"欠费起始日期"后面先插入空格，再插入""\@ yyyy 年 MM 月 dd 日""，"MM 月"需大写输入，以区分月份和分钟，域代码变为{MERGEFIELD 日期"\@ yyyy 年 MM 月 dd 日"}。再合并文档，查看最终文档，日期显示"2022 年 08 月 01 日"。

按下 Alt+F9 组合键，可切换全部域代码，如图 2.42 所示。

提示：域代码标点符号使用英文标点符号。

电费欠费通知

尊敬的 { MERGEFIELD 姓名 }（{ IF { MERGEFIELD 性别 } = "男" "先生" "女士" }）：

你所在的小区 { MERGEFIELD 住址 } 自 { MERGEFIELD 欠费起始日期 \@"yyyy 年 MM 月 dd 日"} 至 2022 年 3 月 31 日共欠费 { MERGEFIELD 欠费 \#"0.00"} 元。请及时网上或去营业厅缴纳，谢谢合作。

图 2.42   案例 1 域代码

（2）根据数据源，通过邮件合并"编辑收件人列表"的筛选和"下一记录"规则，将考生所属区域中所有"海淀区"放在一个表格内。数据源和最终文档效果图如图 2.38

所示。

【参考步骤】

步骤 1：参考图 2.38，创建主文档，在主文档中创建行数充足的表格；在"开始邮件合并"下拉列表中选择"信函"；在"选择收件人"下拉列表中选择"使用现有列表"，数据源为本书提供的"考生名单.xlsx"Excel 文档。

步骤 2：单击"邮件"选项卡|"开始邮件合并"组|"编辑收件人列表"，打开"邮件合并收件人"对话框，如图 2.43 所示。既可以指定收件人，也可以对收件人进行"排序"和"筛选"。

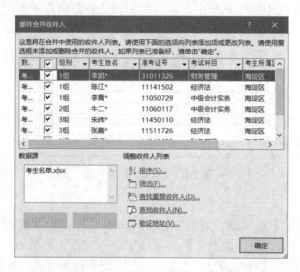

图 2.43 "邮件合并收件人"对话框

单击"邮件合并收件人"对话框中的"筛选"，打开"筛序和排序"对话框，设置"考生所属区域""等于""海淀区"，如图 2.44 所示。

图 2.44 "筛序和排序"对话框

步骤 3：表格第 2 行依次插入"考生姓名"域、"准考证号"域、"考生所属区域"域；在第 3 行第 1 个单元格中先单击"邮件"选项卡|"编写和插入域"组"规则"下拉

按钮，弹出下拉列表，单击"下一记录"命令，先插入"下一记录"规则，再插入"考生姓名"域，再依次插入"准考证号"域、"考生所属区域"域；选定第 3 行进行复制，再选定剩下所有行进行粘贴，粘贴选项为"覆盖单元格"，操作后的主文档如图 2.45 所示。

考生姓名	准考证号	所属区域
《考生姓名》	《准考证号》	《考生所属区域》
《下一记录》《考生姓名》	《准考证号》	《考生所属区域》
《下一记录》《考生姓名》	《准考证号》	《考生所属区域》
《下一记录》《考生姓名》	《准考证号》	《考生所属区域》
《下一记录》《考生姓名》	《准考证号》	《考生所属区域》
《下一记录》《考生姓名》	《准考证号》	《考生所属区域》
《下一记录》《考生姓名》	《准考证号》	《考生所属区域》
《下一记录》《考生姓名》	《准考证号》	《考生所属区域》
《下一记录》《考生姓名》	《准考证号》	《考生所属区域》
《下一记录》《考生姓名》	《准考证号》	《考生所属区域》
《下一记录》《考生姓名》	《准考证号》	《考生所属区域》

图 2.45 案例 2 插入域和规则的主文档

步骤 4：插入合并域后，就可以生成最终合并的文档了。

（3）根据图 2.38 所示的数据源中"组别"列，将每组的成员放在一个表格内，利用邮件合并批量生成符合要求的表格。最终文档效果图如图 2.39 所示。

【参考步骤】

步骤 1：查看数据源，每组的成员数不同。在 Excel 数据源中增加"辅助"列，如果下一条记录和当前记录同组，则等于 1，否则等于 0。使用公式"=IF(A3=A2,1,0)"自动填充，如图 2.46 所示，也就是每小组最后一条记录的"辅助"列的值为 0。保存后关闭数据源。

步骤 2：参考图 2.39，创建主文档；在"开始邮件合并"下拉列表中选择"信函"；在"选择收件人"下拉列表中选择"使用现有列表"，数据源为本书提供的"考生名单.xlsx" Excel 文档。

步骤 3：表格第 2 行依次插入"考生姓名"域、"准考证号"域、"考生所属区域"域；在第 3 行第 1 个单元格中先单击"邮件"选项卡|"编写和插入域"组|"规则"下拉按钮，弹出下拉列表，单击"下一记录条件"命令，插入"下一记录条件"规则，打开"插入 Word 域：Next Record if"对话框，设置"辅助"等于"1"，如图 2.47 所示，再插入"考生姓名"域，再依次插入"准考证号"域、"考生所属区域"域；选定

第 3 行进行复制，再选定剩下所有行进行粘贴，粘贴选项为"覆盖单元格"。

	A	B	C	D	E	F
1	组别	考生姓名	准考证号	考试科目	考生所属区域	辅助
2	1组	李凯*	31011326	财务管理	海淀区	1
3	1组	陈江*	11141502	经济法	海淀区	1
4	1组	张宝*	11060805	中级会计实务	丰台区	1
5	1组	李青*	11050729	中级会计实务	海淀区	0
6	2组	牛二*	11060117	中级会计实务	海淀区	1
7	2组	关明*	11400519	中级会计实务	丰台区	1
8	2组	卢薇*	11060814	中级会计实务	丰台区	1
9	2组	李凯*	11141228	经济法	丰台区	1
10	2组	张玉*	11411511	中级会计实务	丰台区	0
11	3组	贺文*	11051617	中级会计实务	丰台区	1
12	3组	朱纬*	11450110	经济法	海淀区	1
13	3组	张嘉*	11511726	经济法	海淀区	1
14	3组	周超*	11940625	财务管理	海淀区	1
15	3组	王思*	12092920	财务管理	海淀区	1
16	3组	李赫*	11492615	经济法	门头沟区	1
17	3组	亓舒*	21050326	财务管理	门头沟区	0

图 2.46　修改数据源

步骤 4：插入合并域后，就可以生成最终合并文档了。

出现问题：

查看最终文档，每组最后一名成员记录是重复的，直至把整个表格填满，如图 2.48 所示。

1 组名单

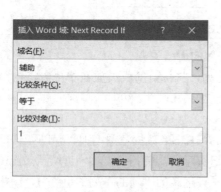

姓名	准考证号	所属区域
李凯*	31011326	海淀区
陈江*	11141502	海淀区
张宝*	11060805	丰台区
李青*	11050729	海淀区
李青*	11050729	海淀区
李青*	11050729	海淀区
李青*	11050729	海淀区

图 2.47　"插入 Word 域：Next Record if"对话框　　图 2.48　案例 3 最终文档不符合规范效果图

分析问题：

因为主文档的表格中每个单元格都插入合并域。使用"下一记录条件"规则，设置"辅助"等于"1"，如果成立，则生成最终文档时下一条记录在当前页面继续显示，如果不成立，则生成最终文档时下一条记录在下一页面显示。空余行就会重复显示当前记录。

本案例最关键的一点，尽管说是"下一记录条件"，实际上从域中取得的"辅助"列的值是当前记录的"辅助"列的值。这也是数据源每组最后一条记录的"辅助"列的值为 0 的原因。

解决问题：

要解决上述问题，需要对域代码进行操作。首先熟知两个组合键，创建新域使用 Ctrl+F9 组合键，{}不能用键盘直接输入；所有域的域代码的切换使用 Alt+F9 组合键。

按 Alt+F9 组合键，切换到域代码状态。在第 3 行第一个单元格内设置书签，按 Ctrl+F9 组合键，创建新域，{}内输入"set　fz　" ""，注意命令和参数间加空格，且标点符号是英文标点符号。书签的含义可以理解为设置一个变量"fz"，变量值为英文双引号里的值。把插入点定位在双引号内，单击"邮件"选项卡|"编写和插入域"组|"插入合并域"下拉按钮|"辅助"。书签代码变为{ set fz "{MERGEFIELD 辅助}"}，如图 2.49 所示，即把当前记录辅助列的值赋值给变量"fz"。在域名状态下，看不到书签，只有域代码状态才可以看到。

删除原有的{ MERGEFIELD 考生姓名}域代码，创建新域，在{}内输入"if fz="1""，在"1"的后面输入空格，单击"邮件"选项卡|"编写和插入域"组|"插入合并域"下拉按钮|"考生姓名"，如图 2.49 所示。代码使用了"如果…那么…否则"规则，即"fz"的值如果等于 1 成立，则显示当前记录的考生姓名，否则不显示。同样，第 3 行的第 2、第 3 个单元格也使用"如果…那么…否则"规则控制是否显示记录字段值。

先选定第 3 行进行复制，再选定下面的所有空行进行粘贴，粘贴选项不要使用"只保留文本"。

姓名	准考证号	所属区域
{ MERGEFIELD 考生姓名 }	{ MERGEFIELD 准考证号 }	{ MERGEFIELD 考生所属区域 }
{ set fz "{ MERGEFIELD 辅助 }" }{ NEXTIF { MERGEFIELD 辅助 } = "1" }{ IF fz = "1" { MERGEFIELD 考生姓名 } }	{ IF fz = "1" { MERGEFIELD 准考证号 } }	{ IF fz = "1" { MERGEFIELD 考生所属区域 } }
{ set fz "{ MERGEFIELD 辅助 }" }{ NEXTIF { MERGEFIELD 辅助 } = "1" }{ IF fz = "1" { MERGEFIELD 考生姓名 } }	{ IF fz = "1" { MERGEFIELD 准考证号 } }	{ IF fz = "1" { MERGEFIELD 考生所属区域 } }
{ set fz "{ MERGEFIELD 辅助 }" }{ NEXTIF { MERGEFIELD 辅助 } = "1" }{ IF fz = "1" { MERGEFIELD 考生姓名 } }	{ IF fz = "1" { MERGEFIELD 准考证号 } }	{ IF fz = "1" { MERGEFIELD 考生所属区域 } }

图 2.49　案例 3 主文档域代码

2.6 实验6——引用

1．实验目的

（1）掌握文档中插入目录的相关操作。

（2）掌握插入脚注、尾注、题注的方法和技巧。

（3）掌握插入索引的方法。

（4）熟练掌握交叉引用相关操作。

2．实验内容

（1）打开本书提供的"Word2016 教材排版后.docx"Word 文档，另存为"Word 引用.docx"。在文档开始位置，单独一页插入目录，目录级别为 2 级，目录格式为"优雅"。制作完毕后，把目录转换为普通文字。

（2）文档中插入脚注和尾注，尝试把脚注转换成尾注，把脚注上方的横线删除。

（3）给 Word 文档中的所有图片插入题注，题注格式为"图.1""图.2"…。插入题注后，随机在文档中间插入一张图片，给图片插入题注，观察后续题注的变化。修改题注样式，字体格式为"黑体、小五号"，段落格式为"居中"。

（4）对正文"如所示"交叉引用题注，体会交叉引用的优点。

（5）在 Word 文档参考文献之后按照如下要求创建索引。

① 标题为"Word 关键字索引"。

② 标记索引项，索引项内容存储在本书提供的"索引条目.docx"Word 文档中。

③ 索引样式为"流行"，分为两栏，按照拼音排序，类别为"无"。

④ 索引生成后将文档中的索引标记项隐藏。

3．实验参考步骤

（1）打开本书提供的"Word2016 教材排版后.docx"Word 文档，另存为"Word 引用.docx"。在文档开始位置，单独一页插入目录，目录级别为 2 级，目录格式为"优雅"。制作完毕后，把目录转换为普通文字。

【参考步骤】

把插入点定位在文档开始位置，按 Ctrl+Enter 组合键分页，显示编辑标记，插入点定位在分页符之前，按 Enter 键，另起一段。

单击"引用"选项卡|"目录"组|"目录"下拉按钮|"自定义目录"命令，打开"目录"对话框。单击"格式"下拉按钮，选择"优雅"；显示级别设置为"2"，如图 2.50 所示。单击"确定"按钮，会生成如图 2.51 所示的目录。

选定整个目录，按下 Ctrl+Shift+F9 组合键，把目录转换成普通文字。

（2）文档中插入脚注和尾注，尝试把脚注转换成尾注，把脚注上方的横线删除。

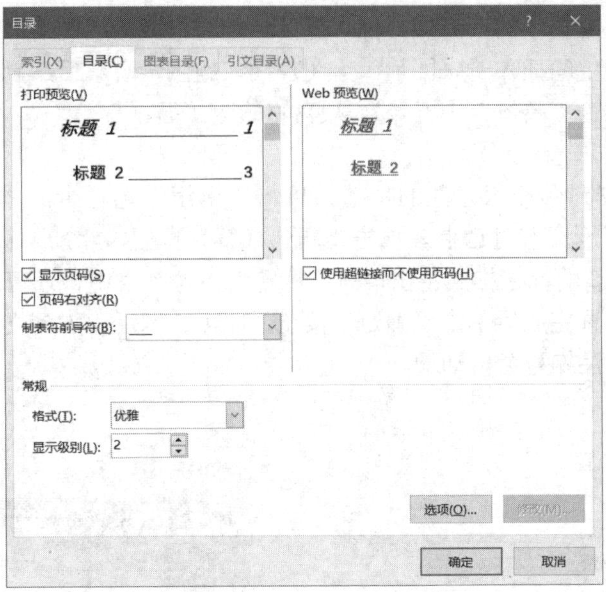

图 2.50 "目录"对话框

图 2.51 生成目录效果图

【参考步骤】

将插入点定位到要插入脚注或尾注的文字后面，单击"引用"选项卡|"脚注"组|"插入脚注"或"插入尾注"命令，在文字所在页面底部或文档的尾部输入注释的内容。

脚注和尾注可以互相转换，单击"引用"选项卡|"脚注"组右边的对话框启动按钮，打开"脚注和尾注"对话框。如果文档中插入脚注或尾注，单击"转换"按钮，弹出"转换注释"对话框，那么根据需要进行转换，如图 2.52 所示。

单击"视图"选项卡|"视图"组|"草稿"，将视图模式从"页面视图"切换到"草稿"视图。单击"引用"选项卡|"脚注"组|"插入脚注"，单击下方出现的"脚注"下拉按钮，在下拉列表中选择"脚注分隔符"，如图 2.53 所示。与普通字符一样删除分隔符，最后切换回"页面视图"模式。

图 2.52 "脚注和尾注"对话框

（3）给 Word 文档中的所有图片插入题注，题注格式为"图.1""图.2"…。插入题注后，随机在文档中间插入一张图片，给图片插入题注，观察后续题注的变化。修改题注样式，字体格式为"黑体、小五号"，段落格式为"居中"。

【参考步骤】

将插入点定位到要插入题注的位置，单击"引用"选项卡|"题注"组|"插入题注"命令，打开"题注"对话框。单击"新建标签"按钮，将新的标签命名为"图"，如图 2.54 所示。新的标签样式将出现在"标签"下拉列表中，还可以为该标签设置位置与编号格式。设置完成后单击"确定"按钮，即可将题注添加到文档相应的位置。插入下一个题注，题注编号会自动增 1。

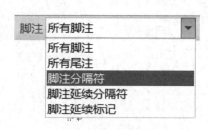

图 2.53 "脚注"下拉列表

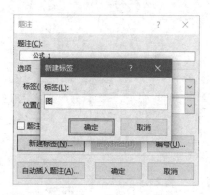

图 2.54 新建标签

随机在文档中间插入一张图片，给图片插入题注，后面图片的题注会自动增 1。

插入点定位在题注位置，在快速样式库中找到"题注"样式，右击选择"修改样式"，打开"修改样式"对话框，按要求修改"题注"样式。

（4）对正文"如所示"交叉引用题注，体会交叉引用的优点。

【参考步骤】

将插入点定位在正文"如"后面，单击"引用"选项卡|"题注"组|"交叉引用"命令，打开"交叉引用"对话框。"引用类型"为"图"，"引用内容"为"只有标签和编号"，在"引用哪一个题注"的列表框中，列出文档中所有插入"图"题注的项目，如图 2.55 所示。

如果对文档中的图片进行增、删、改变顺序等操作，那么这些操作很有可能会引起对象编号的改变，进而使正文中的引用发生混乱。要改正这些引用，既麻烦又容易遗漏。如果使用 Word 的交叉引用功能，当对象编号发生改变时，Word 就会更新引用对象的编号。引用对象编号发生改变时，并不是立刻自动更新正文中交叉引用对象编号。由于交叉引用是一种域，因此对已发生变化的交叉引用可以采用"更新域"的方法更新它。选定要更新交叉引用的文本区域或者选定整篇文档，再按 F9 键即完成选定区域交叉引用编号的更新；或者右击选定文本区域，弹出域操作的快捷菜单，选择"更新域"命令。

（5）在 Word 文档参考文献之后按照如下要求创建索引。

① 标题为"Word 关键字索引"。

② 标记索引项，索引项内容存储在本书提供的"索引条目.docx"Word 文档中。

③ 索引样式为"流行"，分为两栏，按照拼音排序，类别为"无"。

④ 索引生成后将文档中的索引标记项隐藏。

【参考步骤】

参考文献之后另起一段，输入标题"Word 关键字索引"。另起一段，单击"引用"选项卡|"索引"组|"插入索引"命令，打开"索引"对话框。

单击"自动标记"命令，打开"打开索引自动标记文件"对话框，选择存有索引项内容的文档，单击"打开"按钮，文档中的内容作为索引项，会在整个文档中全部标记，例如全文中"快速访问工具栏"后会显示"{XE"快速访问工具栏"}"，表明是一个索引项。

在"格式"下拉列表中选择"流行"，在"栏数"文本框中指定栏数为"2"，在"类别"下拉列表中选择"无"，在"排序依据"下拉列表中选择"拼音"，如图 2.56 所示。设置完成后，单击"确定"按钮，创建的索引就会出现在文档中，索引效果图如图 2.57 所示。

图 2.55 "交叉引用"对话框

图 2.56 "索引"对话框

Word 关键字索引

保存文档, 7	输入文本, 7, 8, 9
创建文档, 5, 6	文档编辑区, 4
快捷方式, 2	选定文本, 9
快速访问工具栏, 3, 10	智能搜索框, 4

图 2.57 索引效果图

提示：{XE"快速访问工具栏"}是索引标记项，并不是文档内容。只需"隐藏编辑标记"，文档中的索引标记项自动隐藏。

2.7 实验 7——页面布局

1. 实验目的

（1）掌握页面设置操作。

（2）掌握页面背景的制作。

（3）掌握封面的制作。

（4）理解分节的作用，能根据需求分节。

（5）掌握分栏操作。

（6）掌握页眉和页脚的制作。

2. 实验内容

（1）打开本书提供的"Word2016 教材排版后.docx"Word 文档，另存为"Word 布局.docx"。按下列要求进行页面设置：纸张大小 A4；对称页边距，上边距 2.5 厘米、下边距 2 厘米，内侧边距 2.5 厘米、外侧边距 2 厘米，装订线 1 厘米；页脚距边界 1.0 厘米；每页行数 45 行。

（2）给文档添加多行文本水印。

（3）给文档添加"镶边"型封面。

（4）选定一个段落，将该段落文本分成栏宽不等的 3 栏，栏间加分隔线。

（5）给文档分节，理解分节的作用。

（6）根据要求，在文档的不同位置插入页码。

① 页边距位置插入"圆（左侧）"页码。

② 页面顶端最右边插入页码。

③ 页面底端偏右位置插入页码。

④ 将页码编号格式更改为大写罗马编号。

（7）在实验内容（6）的基础上制作页眉。页眉要求：封面没有页眉；其他页的页眉自动填写该页中"标题 2"样式所示的标题文字。

（8）打开本书提供的"页眉页脚制作素材.docx"Word 文档，按如下要求制作页眉和页脚。

① 封面无页眉和页脚。

② 目录无页眉，但页脚有页码，页码编号为罗马编号"Ⅰ、Ⅱ…"。

③ 从第 4 章开始，页码重新编号"1、2、3…"。

④ 从第 4 章开始，有页眉，且奇数页的页眉为"大学计算机教程"，偶数页的页眉为章节名称。

3. 实验参考步骤

（1）打开本书提供的"Word2016 教材排版后.docx"Word 文档，另存为"Word 布局.docx"。按下列要求进行页面设置：纸张大小 A4；对称页边距，上边距 2.5 厘米、下边距 2 厘米，内侧边距 2.5 厘米、外侧边距 2 厘米，装订线 1 厘米；页脚距边界 1.0 厘米；每页行数 45 行。

【参考步骤】

单击"布局"选项卡|"页面设置"组右边的对话框启动按钮，打开"页面设置"对话框。该对话框有 4 个选项卡：页边距、纸张、布局和文档窗格，根据要求进行相应设置。

（2）给文档添加多行文本水印。

【参考步骤】

单击"设计"选项卡|"页面背景"组|"水印"下拉按钮|"自定义水印"命令，打开"水印"对话框，可以插入图片水印或文本水印。"水印"对话框如图 2.58 所示，可以插入文本水印。

图 2.58 "水印"对话框

正文中出现"鲁东大学"水印。在页眉位置双击，进入"页眉和页脚"编辑状态。正文无法编辑，但"鲁东大学"水印可以编辑。复制水印，把两行水印调整合适位置。选定第 2 行水印，单击"艺术字工具—格式"选项卡|"文字"组|"编辑文字"，打开"编辑艺术字文字"对话框，文字替换成"大学计算机教程"。可以手动调整水印大小，也可以在"艺术字工具—格式"选项卡|"大小"组下进行调整。如图 2.59 所示，文档中设置了两行水印。

（3）给文档添加"镶边"型封面。

【参考步骤】

无论插入点在什么位置，插入的封面总是位于 Word 文档的首页。单击"插入"选项卡|"页面"组|"封面"下拉按钮，弹出"封面"下拉列表。在"封面"下拉列表中选择合适的封面样式，该封面会自动成为 Word 文档的首页。封面上会有很多文档属性，如文档标题、作者、日期等，可以直接在文档属性框内输入属性值。如果该属性不想保留，则单击属性框上方的属性名，此时属性被选定，按 Backspace 键删除即可。

（4）选定一个段落，将该段落文本分成栏宽不等的 3 栏，栏间加分隔线。

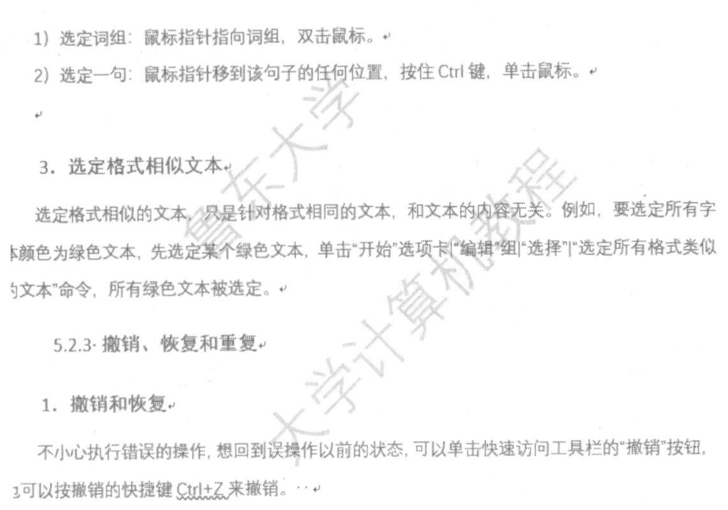

1）选定词组：鼠标指针指向词组，双击鼠标。
2）选定一句：鼠标指针移到该句子的任何位置，按住 Ctrl 键，单击鼠标。

3. 选定格式相似文本

选定格式相似的文本，只是针对格式相同的文本，和文本的内容无关。例如，要选定所有字体颜色为绿色文本，先选定某个绿色文本，单击"开始"选项卡|"编辑"组|"选择"|"选定所有格式类似的文本"命令，所有绿色文本被选定。

5.2.3 撤销、恢复和重复

1. 撤销和恢复

不小心执行错误的操作，想回到误操作以前的状态，可以单击快速访问工具栏的"撤销"按钮，也可以按撤销的快捷键 Ctrl+Z 来撤销。

图 2.59　多行水印效果图

【参考步骤】

选定要分栏的段落，单击"布局"选项卡|"页面设置"组|"栏"下拉按钮|"更多栏"命令，打开"栏"对话框。在"预设"选项区域，选择分栏格式。勾选"分隔线"前的复选框，可以在各栏之间加入分隔线。取消勾选"栏宽相等"前的复选框，可以建立不等的栏宽，各栏的宽度可在"宽度"文本框中输入。在"应用于"下拉列表中，设置分栏的范围，可以是选定的文字或整篇文档。设置完毕后，单击"确定"按钮，即可将所选段落分栏。

（5）给文档分节，理解分节的作用。

【参考步骤】

插入点定位在要分节的位置，单击"布局"选项卡|"页面设置"组|"分隔符"下拉按钮，弹出"分隔符"下拉列表，下拉列表中分节符有 4 种类型，分别是"下一页"、"连续"、"偶数页"和"奇数页"。单击其中一种分节符，就在插入点位置插入一个分节符。

当插入"分节符"将文档分成几"节"后，可以根据需要设置每"节"的页面格式。

（6）根据要求，在文档的不同位置插入页码。

① 页边距位置插入"圆（左侧）"页码。

② 页面顶端最右边插入页码。

③ 页面底端偏右位置插入页码。

④ 将页码编号格式更改为大写罗马编号。

【参考步骤】

页码一般是插入在文档的页眉和页脚位置的。单击"插入"选项卡|"页眉和页脚"组|"页码"下拉按钮，弹出"页码"下拉列表，在"页码"下拉列表中选择页码的位置。

单击"页边距"，在弹出的列表中选择"圆（左侧）"，左边距的位置就会出现带填充色的圆，圆内显示页码。因为圆内使用"正文"样式，所以选定圆内页码，修改段落格式，取消首行缩进，对齐方式居中。

单击"页面顶端"，在弹出的列表中选择"普通数字 3"，页眉的位置最右边就会出现页码。

把插入点定位在页脚偏右位置，单击"当前位置"，在弹出的列表中选择"普通数字"，页面底端（页脚）插入点所在位置就会出现页码。

在"页码"下拉列表中单击"设置页码格式"命令，打开"页码格式"对话框，如图 2.60 所示。在"编号格式"下拉列表中选择合适的编号，在"页码编号"区域可设置下一节页码编号是"续前节"还是重新"起始页码"。

提示：如果插入页码前，文档进行分栏操作，那么可能会出现页码不连续。因为分栏相当于插入两个分节符，默认页码编号是"续前节"，所以下一节编号从 1 开始。最简单的解决办法是先插入页码，再分栏，这样就不会出现页码不连续问题。如果已经分栏，则进入页眉和页脚编辑状态，插入点定位在页码不连续节的页眉处，打开"页码格式"对话框，如图 2.60 所示，设置页码编号的"起始页码"为上一页的页码。

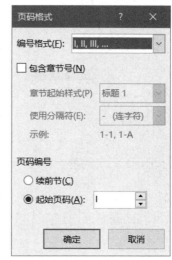

图 2.60 "页码格式"对话框

（7）在实验内容（6）的基础上制作页眉。页眉要求：封面没有页眉；其他页的页眉自动填写该页中"标题 2"样式所示的标题文字。

【参考步骤】

单击"插入"选项卡|"页眉和页脚"组|"页眉"或"页脚"下拉按钮，从弹出的相应下拉列表中选择所需的内置格式，即可在页面顶端或底端插入需要格式的页眉或页脚，同时会显示"页眉和页脚工具—设计"功能选项卡，并进入页眉和页脚编辑状态。也可以双击页眉或页脚区域，快速进入页眉和页脚编辑状态。

进入页眉和页脚编辑状态，勾选"页眉和页脚工具—设计"|"选项"组|"首页不同"复选框，封面作为首页，可单独设置页眉。

分析"其他页的页眉自动填写该页中"标题 2"样式所示的标题文字"要求，页眉内容是变化的，随着使用"标题 2"样式的标题变化而变化，需要使用"域"来控制。单击"插入"选项卡|"文件"组|"文档部件"下拉按钮|"域"，打开"域"对话框，在"类别"下拉列表中选择"链接和引用"，在"域名"下拉列表中选择"StyleRef"，在"域属性"下拉列表中选择"标题 2"，如图 2.61 所示。

（8）打开本书提供的"页眉页脚制作素材.docx"Word 文档，按如下要求制作页眉和页脚。

① 封面无页眉和页脚。

② 目录无页眉，但页脚有页码，页码编号为罗马编号"Ⅰ、Ⅱ…"。

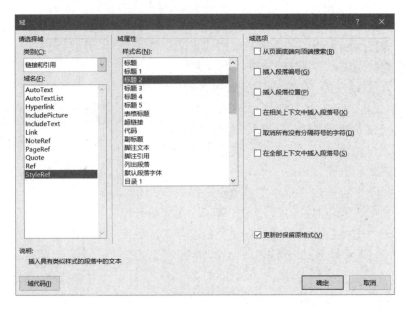

图 2.61　插入域

③ 从第 4 章开始，页码重新编号 "1、2、3···"。

④ 从第 4 章开始，有页眉，且奇数页的页眉为 "大学计算机教程"，偶数页的页眉为章节名称。

【参考步骤】

步骤 1：分析要求，查看文档内容，全文可分 4 节。封面一节，目录一节、第 4 章单独一节、第 5 章单独一节。显示编辑标记，插入点定位在封面显示 "分页符" 标记的后面，单击 "布局" 选项卡|"页面设置" 组|"分隔符" 下拉按钮，弹出 "分隔符" 下拉列表，选择 "下一页"。插入点定位在目录第 2 页显示 "分页符" 标记的后面，插入 "下一页" 分节符。同样，插入点定位在第 4 章内容的最后显示 "分页符" 标记的后面，插入 "下一页" 分节符。

步骤 2：进入页眉和页脚编辑状态，勾选 "页眉和页脚工具—设计" |"选项" 组|"奇偶页不同" 复选框，页眉左下角就会提示奇数页页眉或偶数页页眉。

步骤 3：先设置页码。第 1 节（封面）不插入页码。插入点定位到第 2 节页脚内，单击 "插入" 选项卡|"页眉和页脚" 组|"页码" 下拉按钮，弹出 "页码" 下拉列表，单击 "设置页码格式" 命令，打开 "页码格式" 对话框，如图 2.60 所示。在 "编号格式" 下拉列表中选择罗马编号，在 "页码编号" 区域设置 "起始页码" 为罗马 "Ⅰ"。插入点定位到 "奇数页页脚第 2 节" 内，一定要先把页脚右边的提示 "与上一节相同" 去掉，单击 "页眉和页脚工具—设计" |"导航" 组|"链接到前一节" 命令即可。在 "页码" 下拉列表中，单击 "页面底端"，在弹出的列表中选择 "普通数字 2"，页脚的中央就会出现奇数页码。先将插入点定位到 "偶数页页脚第 2 节" 内，再插入偶数页码。插入点定位到第 3 节页脚内，第 3 节第 1 页页码要设置为阿拉伯数字 "1"，打开 "页码格式" 对话框，如图 2.60 所示，在 "页码编号" 区域设置 "起始页码" 为阿拉伯数字 "1"。

步骤 4：再回到第 1 节设置页眉。第 1 节没有页眉，但有一条横线。去掉横线的方法相当于给段落边框去掉边框线，这里就不介绍了。第 2 节也没有页眉。插入点定位到"奇数页页眉第 3 节"，去掉"与上一节相同"，输入"大学计算机教程"；插入点定位到"偶数页页眉第 3 节"，去掉"与上一节相同"，输入"第 4 章 Windows 操作系统"。插入点定位到"偶数页页眉 第 4 节"，去掉"与上一节相同"，输入"第 5 章　文字处理软件"。

习题

一、选择题

1．若想返回最近编辑过的位置，则最快捷的操作方法是（　　）。

    A．操作滚动条找到最近编辑过的位置并单击

    B．按 Ctrl+F5 组合键

    C．按 Shift+F5 组合键

    D．按 Alt+F5 组合键

2．一个 Word 文档有 200 页，快速准确地定位到 98 页的最优操作方法是（　　）。

    A．利用 PageUp 键或 PageDown 键及光标上下移动键，定位到 98 页

    B．拖动垂直滚动条中的滚动块，快速移动文档，定位到 98 页

    C．单击垂直滚动条的上下按钮，快速移动文档，定位到 98 页

    D．单击"开始"选项卡|"编辑"组|"查找"|"转到"，在对话框中输入 98，定位到 98 页

3．选定一块矩形文本区域的快捷操作方法是（　　）。

    A．按下 Ctrl 键不放，拖动鼠标选定所需的文本

    B．按下 Alt 键不放，拖动鼠标选定所需的文本

    C．按下 Shift 键不放，拖动鼠标选定所需的文本

    D．首先按 Ctrl+Shit+F8 组合键，然后拖动鼠标选择所需的文本

4．Word 文档输入文本，频繁出现"@"符号，若想输入"（a）"后自动变为"@"，则最优的操作方法是（　　）。

    A．将"（a）"定义为自动更正选项

    B．首先全部输入为"（a）"，然后再一次性替换为"@"

    C．将"（a）"定义为自动图文集

    D．将"@"定义为文档部件

5．在 Word 文档中，"王小民"的名字被多次错误地输入为"王晓明"、"王晓敏"和"王晓民"，纠正该错误的最优操作方法是（　　）。

    A．从前往后逐个查找错误的名字，并更正

    B．利用 Word "查找"功能搜索文本"王晓"，并逐一更正

    C．利用 Word "查找和替换"功能搜索文本"王晓*"，并将其全部替换为"王

小民"

D．利用 Word"查找和替换"功能搜索文本"王晓?"，并将其全部替换为"王小民"

6．使用 Word"查找"功能，在"查找内容"文本框中只需输入一个较短的词，便能查找分散在文档各处的较长的词，如输入英文单词"look"，便能够查找到"looked"和"looking"等，以下最优的操作方法是（　　）。

A．在"查找"选项卡的"搜索选项"组中勾选"全字匹配"复选框

B．在"查找"选项卡的"搜索选项"组中勾选"使用通配符"复选框

C．在"查找"选项卡的"搜索选项"组中勾选"同音（英文）"复选框

D．在"查找"选项卡的"搜索选项"组中勾选"查找单词的所有形式（英文）"复选框

7．如果对 Word 默认的字体、段落、样式等格式进行了设置，希望这组格式可以作为标准轻松应用到其他类似的文档中，则最优的操作方法是（　　）。

A．将当前文档中的格式保存为主题，在其他文档中应用该主题

B．将当前文档保存为模板，删除其中的内容后，每次基于该模板创建新文档

C．通过"格式刷"将当前文档中的格式复制到新文档的相应段落中

D．将当前文档的格式另存为样式集，并为新文档应用该样式集

8．一本 Word 书稿中定义并应用了符合出版社排版要求的各级标题的标准样式，希望以该标准样式替换掉其他书稿的同名样式，最优的操作方法是（　　）。

A．将原书稿保存为模板，基于该模板创建或复制新书稿的内容并应用标准样式

B．首先利用格式刷，将标准样式的格式从原书稿中复制到新书稿的某同级标题，然后通过更新样式以匹配所选内容

C．通过管理样式功用，将书稿中的标准样式复制到新书稿

D．依据标准样式中的格式，直接在新书稿中修改同名样式中的格式

9．Word 文档为图表插入形如"图 1、图 2"的题注，删除标签与编号之间自动出现的空格的最优操作方法是（　　）。

A．在新建题注标签时，直接将其后面的空格删除即可。

B．选择整个文档，利用查找和替换功能逐个将题注中的西文空格替换为空

C．一个一个手动删除该空格

D．选定所有题注，利用查找和替换功能将西文空格全部替换为空

10．若希望 Word 中所有超链接的文本颜色在被访问后变为绿色，则最优的操作方法是（　　）。

A．通过新建主题颜色，修改已访问的超链接的字体颜色

B．通过修改"超链接"样式的格式，改变字体颜色

C．通过查找和替换功能，将已访问的超链接的字体颜色进行替换

D．通过修改主题字体，改变已访问的超链接的字体颜色

11. 若想 Word 文档中的表格和上方的题注总是出现在同一页，则最优的操作方法是（　　）。

    A．题注与表格分离时，在题注前按 Enter 键，增加空段落以实现目标

    B．在表格最上方插入空行，将题注内容移动到该行中，并禁止该行跨页断行

    C．设置题注所在段落与下段同页

    D．设置题注所在段落孤行控制

12. 在 Word 中插入一个用 Excel 制作好的表格，希望 Word 文档中的表格内容随 Excel 源文件的数据变化而自动变化，最快捷的操作方法是（　　）。

    A．通过"插入"选项卡|"文本"组|"对象"，插入可以链接到源文件的 Excel 表格

    B．复制 Excel 数据源，然后单击"开始"选项卡|"剪贴板"组|"粘贴"下拉按钮|"选择性粘贴"命令，进行粘贴

    C．复制 Excel 数据源，然后在 Word 快捷菜单上右击选择带有链接功能的粘贴选项

    D．通过"插入"选项卡|"表格"组|"表格"下拉按钮|"Excel 电子表格"命令，链接 Excel 表格

13. Word 文档中有一个 5 行 4 列的表格，如果要将另外一个文本文件中的 5 行文字复制到该表格中，并且使其正好成为该表格一列的内容，则最优的操作方法是（　　）。

    A．首先在文本文件中选中这 5 行文字，复制到剪贴板，然后回到 Word 文档中，将光标置于指定列的第一个单元格，将剪贴板内容粘贴过来

    B．将文本文件中的 5 行文字，一行一行地复制、粘贴到 Word 文档表格对应列的 5 个单元格中

    C．首先在文本文件中选中这 5 行文字，复制到剪贴板，然后回到 Word 文档中，选中对应列的 5 个单元格，将剪贴板内容粘贴过来

    D．首先在文本文件中选中这 5 行文字，复制到剪贴板，然后回到 Word 文档中，选中该表格，将剪贴板内容粘贴过来

14. 在 Word 中，插入一个 5 行 4 列的表格，现在需要对该表格从第 3 行开始，拆分为两个表格，以下最优的操作方法是（　　）。

    A．将光标放在第 3 行第 1 个单元格中，使用 Ctrl+Shift+Enter 组合键将表格分为两个表格

    B．将光标放在第 3 行第 1 个单元格中，使用 Ctrl+Enter 组合键将表格分为两个表格

    C．将光标放在第 3 行第 1 个单元格中，使用 Shift+Enter 组合键将表格分为两个表格

    D．将光标放在第 3 行最后 1 个单元格之外，使用 Enter 键将表格分为两个表格

15. 将 Word 生成的目录转换为纯文本格式的最优操作方法是（　　）。

    A．目录本身就是纯文本格式，不需要再进行进一步操作

B．使用 Ctrl+Shift+F9 组合键

C．在目录上右击，弹出快捷菜单，单击"转换"命令

D．首先复制目录，然后通过选择性粘贴功能以纯文本方式显示

二、应用练习

1．制作贺卡或明信片，要求排版美观，主题积极，包含图片、文本框、形状、艺术字等对象，不少于四个。

2．打开本书提供的"Word2016 教材未排版.docx"等 Word 文档素材，内容自己适当增加、调整。参考已出版的本教材，制作图文并茂、符合出版要求的教材样稿。

第3章 电子表格处理软件

3.1 实验1——Excel 基本操作

1．实验目的

（1）掌握工作表的插入、删除、移动与复制等操作。

（2）掌握各种数据的输入和编辑操作方法。

（3）掌握数据填充的操作方法。

（4）掌握数据验证的操作方法。

（5）理解选择性粘贴和清除的含义。

（6）掌握行和列的插入、删除、复制和移动等操作。

2．实验内容

（1）新建 Excel 文件，并保存名称为"学生信息管理系统.xlsx"。

（2）工作表的基本操作。

① 将"Sheet1"工作表重命名为"成绩"，将"Sheet2"工作表重命名为"基本信息"。

② 将以逗号分隔的文本文件"score"导入"成绩"工作表中。

③ 将"成绩"工作表标签颜色设为红色，并移动到"基本信息"工作表右侧。

④ 将"奖学金"工作簿中的"Sheet1"工作表复制到"学生信息管理系统"工作簿中，工作表重命名为"奖学金"，位于"成绩"工作表之后。

（3）按下面要求向"基本信息"工作表中输入如图 3.1 所示的数据。

① 学号列为文本型，为需要输入学号的单元格设置数据验证，要求输入的学号必须是 8 位，并借助数据填充方法输入学号。

② 姓名列数据既可以自行输入，也可以从"成绩"表中复制。

③ 性别列的值既可以从下拉列表选择，也可以自行输入。为需要输入性别的单元格设置数据验证，输入无效数据时显示出错警告，警告信息为"请输入男或女!"，并借助数据填充方法输入性别。

④ 日期列为日期型。观察日期列数据规律，利用数据填充操作方法快速输入数据。

（4）在"基本信息"工作表第 1 行上方插入 1 行，并在 A1 单元格中输入"学生基本信息"。

图 3.1 "基本信息"工作表数据

（5）为"基本信息"工作表内容是"刘红"的单元格添加批注，批注内容为"特长为：滑雪，尤其擅长单板滑雪"。复制该批注到内容为"肖遥"的单元格，并将批注内容修改为"特长为：滑雪、舞蹈"。

（6）在"成绩"工作表中按下列要求操作。

① 在第 1 行之上插入 3 行，在 A1 单元格中输入"第一学期期末考试成绩表"，在 I2 单元格中输入"制表日期"，在 J2 单元格中使用快捷键输入当前日期，在姓名列右侧插入 1 列，列标题为"班级"。

② 为语文列成绩单元格设置数据验证，使得在这些单元格中输入数据时弹出提示信息"请输入 0~100 之间的数字！"，如果输入错误则显示出错警告，警告信息为"输入错误，请输入 0~100 之间的数字！"。

③ 为其他列成绩单元格设置与语文列成绩单元格相同的数据验证。

④ 查找与 E6 单元格具有相同数据验证的单元格。

3. 实验参考步骤

（1）新建 Excel 文件，并保存名称为"学生信息管理系统.xlsx"。

【参考步骤】

选择"文件"选项卡|"新建"命令，或者单击快速访问工具栏中的"新建"按钮，创建一个空白工作簿，临时名称为"工作簿 1"。选择"文件"选项卡|"保存"命

令，在打开的"另存为"对话框中选择文件保存位置，输入文件名"学生信息管理系统"，选择文件类型为"Excel 工作簿"，单击"保存"按钮即可。

（2）工作表的基本操作。

① 将"Sheet1"工作表重命名为"成绩"，将"Sheet2"工作表重命名为"基本信息"。

【参考步骤】

在工作表标签"Sheet1"上双击，或右击工作表标签"Sheet1"，在弹出的快捷菜单中选择"重命名"命令，输入新的名称"成绩"后，按 Enter 键或单击工作区任一单元格。使用同样的操作方法将"Sheet2"工作表重命名为"基本信息"。

② 将以逗号分隔的文本文件"score"导入"成绩"工作表中。

【参考步骤】

步骤 1：单击工作表标签"成绩"。单击"数据"选项卡|"获取外部数据"组|"自文本"按钮，打开"导入文本文件"对话框，如图 3.2 所示，选择要导入的文本文件"score"。

图 3.2 "导入文本文件"对话框

步骤 2：单击"导入"按钮，打开"文本导入向导-第 1 步，共 3 步"对话框，如图 3.3 所示，勾选"数据包含标题"复选框。

步骤 3：单击"下一步"按钮，打开"文本导入向导-第 2 步，共 3 步"对话框，如图 3.4 所示，只勾选分隔符号"逗号"复选框。

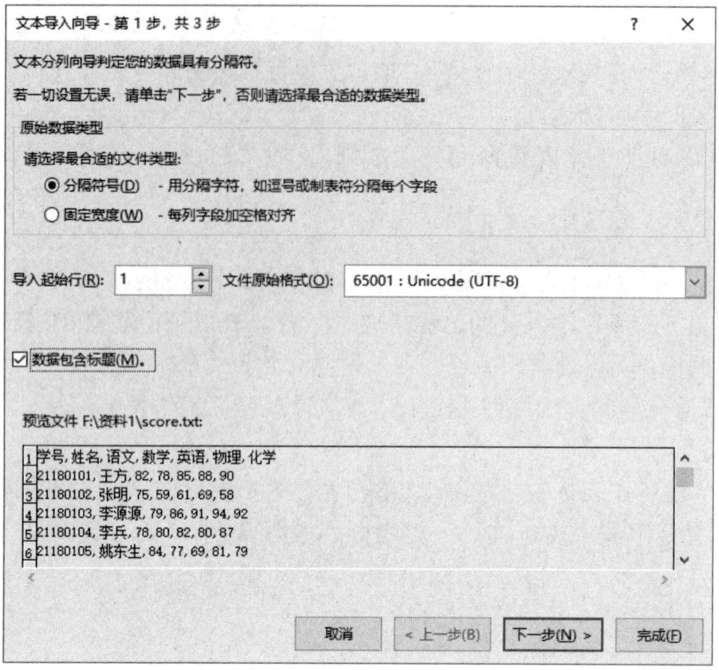

图 3.3 "文本导入向导–第 1 步，共 3 步"对话框

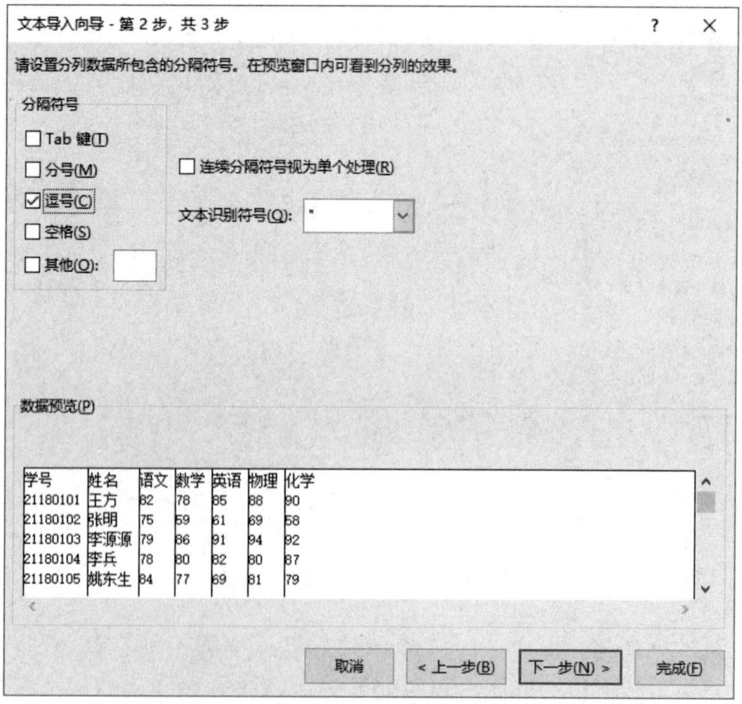

图 3.4 "文本导入向导–第 2 步，共 3 步"对话框

步骤 4：单击"下一步"按钮，打开"文本导入向导–第 3 步，共 3 步"对话框，

如图 3.5 所示。选中"数据预览"列表框中第 1 列（学号列），"列数据格式"选项组中选中"文本"选项。

步骤 5：单击"完成"按钮，弹出"导入数据"对话框，如图 3.6 所示，选择数据的放置位置为"现有工作表"。"score"文本文件中的数据即被导入当前"成绩"工作表中。

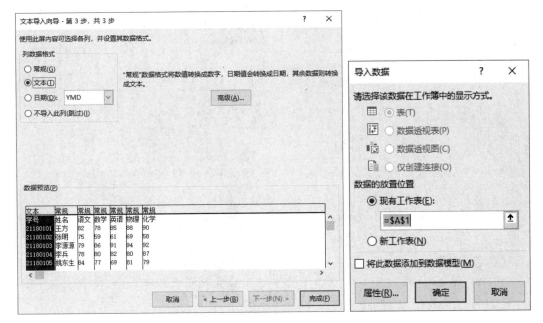

图 3.5 "文本导入向导−第 3 步，共 3 步"对话框　　图 3.6 "导入数据"对话框

③ 将"成绩"工作表标签颜色设为红色，并移动到"基本信息"工作表右侧。

【参考步骤】

右击"成绩"工作表标签，在弹出的快捷菜单中选择"工作表标签颜色"命令，在出现的颜色面板中选择"红色"；或选择"开始"选项卡|"单元格"组|"格式"按钮|"工作表标签颜色"命令。

移动工作表操作方法 1：用鼠标直接拖动"成绩"工作表标签到"基本信息"工作表标签右侧。

移动工作表操作方法 2：右击"成绩"工作表标签，在快捷菜单中选择"移动或复制"命令，在弹出的"移动或复制工作表"对话框中设置，如图 3.7 所示。

④ 将"奖学金"工作簿中的"Sheet1"工作表复制到"学生信息管理系统"工作簿中，工作表重命名为"奖学金"，位于"成绩"工作表之后。

【参考步骤】

打开"奖学金"工作簿，右击"Sheet1"工作表标签，在快捷菜单中选择"移动或复制"命令，弹出"移动或复制工作表"对话框，在"工作簿"下拉列表中选择"学生信息管理系统.xlsx"，勾选"建立副本"复选框，如图 3.8 所示。

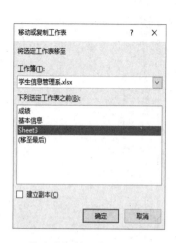
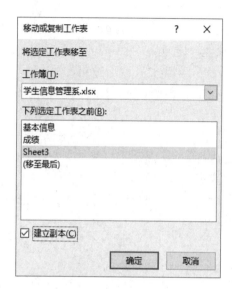

图 3.7 "移动或复制工作表"对话框-移动   图 3.8 "移动或复制工作表"对话框-复制

（3）按下面要求向"基本信息"工作表中输入如图 3.1 所示的数据。

① 学号列为文本型，为需要输入学号的单元格设置数据验证，要求输入的学号必须是 8 位，并借助数据填充方法输入学号。

【参考步骤】

在 A1 单元格中输入"学号"，B1 单元格中输入"姓名"，C1 单元格中输入"性别"，D1 单元格中输入"出生日期"，作为列标题。

首先选择 A 列，单击"数据"选项卡|"数据工具"组|"数据验证"按钮，打开"数据验证"对话框，然后选择"设置"选项卡，设置如图 3.9 所示。

图 3.9 "数据验证"对话框-设置学号长度

在 A2 单元格中输入"'21180101"（若需将纯数字作为文本输入，则先输入英文半角单引号，再输入数字）。然后将鼠标指针移到 A2 单元格右下角的填充柄上，按住鼠标左键，拖动填充柄至 A7 单元格，松开鼠标左键完成填充。在 A8 单元格中输入"'21180201"，拖动 A8 单元格填充柄至 A15 单元格。用同样的方法输入其他学号。

② 姓名列数据既可以自行输入，也可以从"成绩"表中复制。

【参考步骤】

单击"成绩"工作表标签，选择 B2:B21 单元格区域，按下 Ctrl+C 组合键，将选择的单元格区域复制到剪贴板；单击"基本信息"工作表标签，选择 B2 单元格，按下 Ctrl+V 组合键，将剪贴板的内容粘贴到当前单元格开始的区域中。

提示：执行复制操作后，选定的单元格区域四周会出现闪烁的虚线，按 Esc 键可取消虚线，退出粘贴状态。

③ 性别列的值既可以从下拉列表选择，也可以自行输入。为需要输入性别的单元格设置数据验证，输入无效数据则显示出错警告，警告信息为"请输入男或女！"，并借助数据填充方法输入性别。

【参考步骤】

选择 C 列，单击"数据"选项卡|"数据工具"组|"数据验证"按钮，打开"数据验证"对话框。在"设置"选项卡下的"允许"下拉列表中，选择"序列"选项，在"来源"文本框中输入"男,女"（在英文半角状态下输入逗号），勾选"提供下拉箭头"复选框，如图 3.10 所示，在"出错警告"选项卡下的"出错信息"编辑框中输入"请输入男或女！"。单击"确定"按钮，关闭"数据验证"对话框。

直接输入或者从下拉列表中选择"男"或者"女"，借助填充柄及"填充"命令对相邻单元格复制填充或者序列填充。

图 3.10 "数据验证"对话框-设置性别序列

④ 日期列为日期型。观察日期列数据规律，利用数据填充操作方法快速输入数据。

【参考步骤】

在 D2 单元格中输入"2003/1/9"。选择 D2:D7 单元格区域，单击"开始"选项卡|"编辑"组|"填充"按钮|"序列"命令，弹出"序列"对话框，设置如图 3.11 所示。

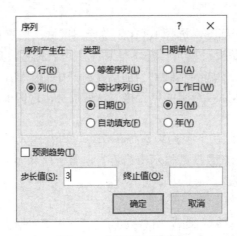

图 3.11 "序列"对话框

单击 D7 单元格，拖动 D7 单元格填充柄至 D16 单元格。在 D17 单元格中输入"2004/8/18"，拖动 D16:D17 单元格区域填充柄至 D21 单元格。

（4）在"基本信息"工作表第 1 行上方插入 1 行，并在 A1 单元格中输入"学生基本信息"。

【参考步骤】

选定第 1 行，单击"开始"选项卡|"单元格"组|"插入"按钮；或右击选定的行，从弹出的快捷菜单中选择"插入"命令。单击 A1 单元格，输入"学生基本信息"。

（5）为"基本信息"工作表内容是"刘红"的单元格添加批注，批注内容为"特长为：滑雪，尤其擅长单板滑雪"。复制该批注到内容为"肖遥"的单元格，并将批注内容修改为"特长为：滑雪、舞蹈"。

【参考步骤】

选中需要添加批注的 B11 单元格，单击"审阅"选项卡|"批注"组|"新建批注"按钮，在弹出的批注编辑框中输入批注文本"特长为：滑雪，尤其擅长单板滑雪"，添加了批注的单元格右上角显示红色三角。

先选定 B11 单元格，单击"开始"选项卡|"剪贴板"组|"复制"按钮，再选定要粘贴批注的 B15 单元格，单击"开始"选项卡|"剪贴板"组|"粘贴"下拉按钮，在弹出的下拉列表中选择"选择性粘贴"命令，打开"选择性粘贴"对话框，如图 3.12 所示，选中粘贴选项组中的"批注"单选按钮，单击"确定"按钮。

右击要编辑批注的 B15 单元格，在弹出的快捷菜单中选择"编辑批注"命令，将批注修改为"特长为：滑雪、舞蹈"。

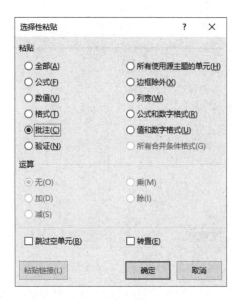

图 3.12 "选择性粘贴"对话框

（6）在"成绩"工作表中按下列要求操作。

① 在第 1 行之上插入 3 行，在 A1 单元格中输入"第一学期期末考试成绩表"，在 I2 单元格中输入"制表日期"，在 J2 单元格中使用快捷键输入当前日期，在姓名列右侧插入 1 列，列标题为"班级"。

【参考步骤】

单击"成绩"工作表标签，将"成绩"切换为活动工作表。选定前三行，单击"开始"选项卡|"单元格"组|"插入"按钮；或右击选定的行，从弹出的快捷菜单中选择"插入"命令。

单击 A1 单元格，输入"第一学期期末考试成绩表"。单击 I2 单元格，输入"制表日期"。单击 J2 单元格，按下 Ctrl+;（分号）组合键插入当前日期。

选中语文列 C 列，单击"开始"选项卡|"单元格"组|"插入"按钮；或右击选定的列，从弹出的快捷菜单中选择"插入"命令。单击 C4 单元格，输入列标题"班级"。

② 为语文列成绩单元格设置数据验证，使得在这些单元格中输入数据时弹出提示信息"请输入 0～100 之间的数字!"，如果输入错误则显示出错警告，警告信息为"输入错误，请输入 0～100 之间的数字!"。

【参考步骤】

选择 D5:D24 单元格区域，单击"数据"选项卡|"数据工具"组|"数据验证"按钮，打开"数据验证"对话框。

在"设置"选项卡下的"允许"下拉列表中，选择"整数"选项，在"数据"下拉列表下选择"介于"，"最小值"文本框中输入 0，"最大值"文本框中输入 100。

在"输入信息"选项卡下，勾选"选定单元格时显示输入信息"复选框，在"输入信息"编辑框中输入"请输入 0~100 之间的数字!"，如图 3.13 所示。

图 3.13 "数据验证"对话框-输入信息

在"出错警告"选项卡下，勾选"输入无效数据时显示出错警告"复选框，在"出错信息"编辑框中输入出错警告"输入错误，请输入 0～100 之间的数字！"。

③ 为其他列成绩单元格设置与语文列成绩单元格相同的数据验证。

【参考步骤】

选择 D5:D24 单元格区域或者其中的某个单元格，单击"开始"选项卡|"剪贴板"组|"复制"按钮。再选定要粘贴数据验证的 E5:E24 单元格区域，单击"开始"选项卡|"剪贴板"组|"粘贴"下拉按钮，选择"选择性粘贴"命令，弹出如图 3.12 所示的"选择性粘贴"对话框，选中粘贴选项组中的"验证"单选按钮，单击"确定"按钮。

④ 查找与 E6 单元格具有相同数据验证的单元格。

【参考步骤】

选择 E6 单元格，单击"开始"选项卡|"编辑"组|"查找和选择"按钮，弹出下拉菜单，选择"定位条件"命令，弹出"定位条件"对话框，选中"数据验证"按钮及"相同"按钮，如图 3.14 所示。

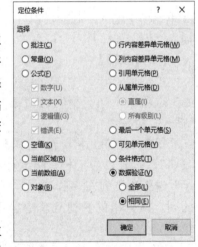

图 3.14 "定位条件"对话框

3.2 实验 2——公式和函数的使用

1. 实验目的

（1）掌握公式和函数的输入和编辑方法。

（2）掌握相对引用、绝对引用和混合使用的应用。

（3）掌握 SUM、AVERAGE、MAX、MIN、COUNT、SUMIF、COUNTIF、IF、

RANK、VLOOKUP、YEAR 等常用函数的使用方法。

（4）了解常见的公式错误提示信息。

2．实验内容

对"学生信息管理系统"工作簿中的"成绩"和"奖学金"工作表，按下列要求进行操作。"成绩"工作表完成后的效果如图 3.15 所示，"奖学金"工作表完成后的效果如图 3.16 所示。

	A	B	C	D	E	F	G	H	I	J	K
1	第一学期期末考试成绩表										
2								制表日期		2022/4/16	
3											
4	学号	姓名	班级	语文	数学	英语	物理	化学	总分	平均分	名次
5	21180101	王方	1班	82	78	85	88	90	423	84.6	5
6	21180102	张明	1班	75	59	61	69	58	322	64.4	19
7	21180103	李源源	1班	79	86	91	94	92	442	88.4	2
8	21180104	李兵	1班	78	80	82	80	87	407	81.4	8
9	21180105	姚东生	1班	84	77	69	81	79	390	78	12
10	21180106	黄鼎恒	1班	76	71	70	69	71	357	71.4	17
11	21180201	张彤彤	2班	77	70	81	85	89	402	80.4	10
12	21180202	齐建军	2班	69	56	50	59	60	294	58.8	20
13	21180203	刘红	2班	88	91	92	95	90	456	91.2	1
14	21180204	史东	2班	90	80	85	87	81	423	84.6	5
15	21180205	向辉	2班	76	72	78	69	71	366	73.2	15
16	21180206	任天	2班	68	71	77	71	75	362	72.4	16
17	21180207	肖遥	2班	72	69	75	66	70	352	70.4	18
18	21180208	祁浩冉	2班	86	81	84	82	91	424	84.8	4
19	21180301	张君	3班	81	79	83	80	84	407	81.4	8
20	21180302	赵纯中	3班	79	83	80	79	80	401	80.2	11
21	21180303	吴颢	3班	82	86	88	81	89	426	85.2	3
22	21180304	韩海涛	3班	78	81	72	78	79	388	77.6	14
23	21180305	曾宇	3班	80	76	79	77	78	390	78	12
24	21180306	李爽	3班	85	80	82	81	88	416	83.2	7
25											
26			各科平均分	79.3	76.3	78.2	78.55	80.1			
27			各科最高分	90	91	92	95	92			
28			各科最低分	68	56	50	59	58			
29											

图 3.15 "成绩"工作表

	A	B	C	D	E	F	G
1	学号	姓名	性别	身份证号	奖学金	奖学金级别	
2	21180101	王方	男	768368200301096113	1000	校级	
3	21180102	张明	男	395002200304099517	2000	校级	
4	21180103	李源源	女	544418200307099141	8000	国家级	
5	21180104	李兵	男	856202200310093717	1000	校级	
6	21180105	姚东生	男	291294200401092052	1000	校级	
7	21180106	黄鼎恒	男	612224200404093179			
8	21180201	张彤彤	女	142003200404108684	1000	校级	
9	21180202	齐建军	男	500806200404119474			
10	21180203	刘红	女	356167200404125744	5000	省级	
11	21180204	史东	男	448378200404131236			
12	21180205	向辉	男	848614200404141458	1000	校级	
13	21180206	任天	男	130543200404158137	2000	校级	
14	21180207	肖遥	男	321894200404163616	5000	省级	
15	21180208	祁浩冉	女	644139200404178026			
16	21180301	张君	男	977930200404188654	1000	校级	
17	21180302	赵纯中	男	664967200408188731			
18	21180303	吴颢	男	920209200412182052	8000	国家级	
19	21180304	韩海涛	男	529909200504184194			
20	21180305	曾宇	男	563138200508188211			
21	21180306	李爽	女	917136200512184944	1000	校级	
22							
23							
24				男生奖学金总额	22000		
25				女生奖学金总额	15000		
26				奖学金总额	37000		
27							
28				男生获得奖学金人数	9		
29				女生获得奖学金人数	4		
30				获得奖学金总人数	13		
31							

图 3.16 "奖学金"工作表

（1）添加"总分"列，分别使用运算符和函数计算每个学生的总分。

（2）添加"平均分"列，使用函数计算每个学生的平均分。

（3）添加"名次"列，使用 RANK 函数依据总分计算每个学生的名次。

（4）使用函数填写每个学生的班级。学号的第 5、6 位对应的是班级，例如，学号"21180106"对应的班级是"1 班"、"学号 21180206"对应的班级是"2 班"。

（5）在 C26 单元格中输入"各科平均分"，使用函数计算各门课程的平均分。

（6）在 C27 单元格中输入"各科最高分"，使用函数计算各门课程的最高分。

（7）在 C28 单元格中输入"各科最低分"，使用函数计算各门课程的最低分。

（8）依据"基本信息"工作表中学号和姓名的对应关系，使用 VLOOKUP 函数生成"奖学金"工作表姓名列的值。

（9）使用 IF 函数按照如表 3.1 所示的条件，在"奖学金"工作表填入奖学金级别列的值。

表 3.1　奖学金和奖学金级别对应关系

奖学金	奖学金级别
≥6000	国家级
≥4000	省级
其他金额	校级

（10）使用函数计算男生奖学金总额、女生奖学金总额和奖学金总额，分别填入"奖学金"工作表的 E24、E25 和 E26 单元格中。

（11）使用函数计算男生获得奖学金的人数、女生获得奖学金的人数和获得奖学金的总人数，分别填入 E28、E29 和 E30 单元格中。

3．实验参考步骤

（1）添加"总分"列，分别使用运算符和函数计算每个学生的总分。

【参考步骤】

操作方法 1：在 I4 单元格输入"总分"。在 I5 单元格输入"=D5+E5+F5+G5+H5"，按 Enter 键，即可计算出第 1 个学生的总分。拖动 I5 单元格填充柄至 I24 单元格，其他学生的总分依次填入相应单元格中。

操作方法 2：在 I4 单元格输入"总分"。选择 I5 单元格，首先单击"公式"选项卡|"函数库"组|"自动求和"按钮，I5 单元格中就插入了函数"=SUM(D6:H6)"，然后按 Enter 键，公式结果显示在 I5 单元格中，若插入的函数默认参数不符合需要，则拖动鼠标选取正确的单元格区域即可。拖动 I5 单元格填充柄至 I24 单元格，或者双击 I5 单元格的填充柄，公式复制到当前列的其他区域。

（2）添加"平均分"列，使用函数计算每个学生的平均分。

【参考步骤】

在 J4 单元格输入"平均分"。选择 J5 单元格，单击"公式"选项卡|"函数库"组|"自动求和"下拉按钮，首先在弹出的下拉列表中选择"平均值"命令，拖动鼠标选取 D5:H5 单元格区域，J5 单元格中就插入了函数"=AVERAGE(D5:H5)"，然后按 Enter

键，公式结果显示在 J5 单元格中。拖动 J5 单元格填充柄至 J24 单元格，即可求出其他学生的平均分。

（3）添加"名次"列，使用 RANK 函数依据总分计算每个学生的名次。

【参考步骤】

步骤 1：在 K4 单元格输入"名次"，选择 K5 单元格。

步骤 2：单击"公式"选项卡|"函数库"组|"插入函数"按钮 $\begin{smallmatrix} fx \\ \text{插入函数} \end{smallmatrix}$，或直接单击编辑栏左侧的"插入函数"按钮 fx，打开"插入函数"对话框，如图 3.17 所示。

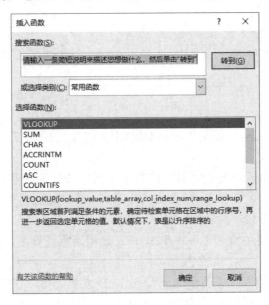

图 3.17 "插入函数"对话框

步骤 3：在选择函数列表框中选择 RANK 函数，单击"确定"按钮。

步骤 4：打开"函数参数"对话框，在"函数参数"对话框中对各个参数进行设置。先将插入点置于 Number 文本框，单击 I5 单元格，Number 文本框将显示 I5。再将插入点置于 Ref 文本框，用拖动鼠标的方法选定 I5:I24 单元格区域，Ref 文本框将显示 I5:I24，在行标和列标前加上"$"，使之成为绝对引用，或只在行标前加"$"，使之成为混合引用，如图 3.18 所示。

提示：选中函数参数中的某个单元格引用，按 F4 键可以在相对引用、绝对引用、混合引用之间快速转换。

步骤 5：单击"确定"按钮，关闭"函数参数"对话框，函数的计算结果显示在选定 K5 单元格中。向下拖动 K5 单元格填充柄至 K24 单元格，即可求出每个学生的名次。

也可以直接在 K5 单元格中输入公式"=RANK(I5,$I$5:$I$24,0)"，双击 K5 单元格填充柄复制公式。

（4）使用函数填写每个学生的班级。学号的第 5、6 位对应的是班级，例如，学号"21180106"对应的班级是"1 班"、"学号 21180206"对应的班级是"2 班"。

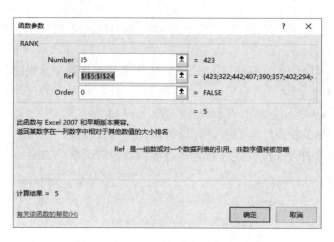

图 3.18　RANK "函数参数" 对话框

【参考步骤】

选择 C5 单元格，输入公式 "=VALUE(MID(A5,5,2))&"班""，双击 C5 单元格填充柄复制公式。

VALUE 函数的功能是将表示数字的文本字符串转换为数字。若学号的第 5 位是 "0"，则 VALUE 函数转换后将去掉零，如函数 VALUE("01") 的结果是 "1"，VALUE("12") 的结果是 12。

（5）在 C26 单元格中输入 "各科平均分"，使用函数计算各门课程的平均分。

【参考步骤】

在 C26 单元格中输入 "各科平均分"。选择 D26 单元格，首先单击 "公式" 选项卡|"函数库" 组|"自动求和" 下拉按钮，在弹出的下拉列表中选择 "平均值" 命令，拖动鼠标选取 D5:D24 单元格区域，D26 单元格中就插入了函数 "=AVERAGE(D5:D24)"，然后按 Enter 键，公式结果显示在 D26 单元格中。拖动 D26 单元格填充柄至 H26 单元格，即可求出其他课程的平均分。

（6）在 C27 单元格中输入 "各科最高分"，使用函数计算各门课程的最高分。

【参考步骤】

在 C27 单元格中输入 "各科最高分"。选择 D27 单元格，首先单击 "公式" 选项卡|"函数库" 组|"自动求和" 下拉按钮，在弹出的下拉列表中选择 "最大值" 命令，拖动鼠标选取 D5:D24 单元格区域，D27 单元格中就插入了函数 "=MAX(D5:D24)"，然后按 Enter 键，公式结果显示在 D27 单元格中。拖动 D27 单元格填充柄至 H27 单元格，即可求出其他课程的最高分。

（7）在 C28 单元格中输入 "各科最低分"，使用函数计算各门课程的最低分。

【参考步骤】

在 C28 单元格中输入 "各科最低分"。选择 D28 单元格，首先单击 "公式" 选项卡|"函数库" 组|"自动求和" 下拉按钮，在弹出的下拉列表中选择 "最小值" 命令，拖动鼠标选取 D5:D24 单元格区域，D28 单元格中就插入了函数 "=MIN(D5:D24)"，然后按 Enter 键，公式结果显示在 D28 单元格中。拖动 D28 单元格填充柄至 H28 单元格，

即可求出其他课程的最低分。

（8）依据"基本信息"工作表中学号和姓名的对应关系，使用 VLOOKUP 函数生成"奖学金"工作表姓名列的值。

【参考步骤】

步骤 1：单击"奖学金"工作表标签，切换为活动工作表。选择 B2 单元格，单击"公式"选项卡|"函数库"组|"插入函数"按钮 ，打开"插入函数"对话框，在选择函数列表框中选择 VLOOKUP 函数，单击"确定"按钮，弹出"函数参数"对话框。

步骤 2：在"函数参数"对话框中对各个参数进行设置。在第 1 个参数框中选择"A2"；第 2 个参数框中选择"基本信息"工作表中的 A3:B22 单元格区域，按 F4 键转换成绝对引用"基本信息!$A$3:$B$22"；第 3 个参数框中输入"2"；第 4 个参数框中输入"FALSE"或者"0"，如图 3.19 所示，单击"确定"按钮即可。

图 3.19 VOOLKUP"函数参数"对话框

步骤 3：双击 B2 单元格右下角的填充柄完成姓名列的自动填充。

也可以直接在"奖学金"工作表的 B2 单元格中输入公式"=VLOOKUP(A2,基本信息!$A$3:$B$22,2,FALSE)"，按 Enter 键，双击 B2 单元格右下角的填充柄完成姓名列的自动填充。

（9）使用 IF 函数按照如表 3.1 所示的条件填入"奖学金"工作表奖学金级别列的值。

【参考步骤】

选择 F2 单元格，在该单元格中输入公式"=IF(E2>=6000,"国家级",IF(E2>=4000,"省级",IF(E2>0,"校级","")))"，按 Enter 键完成操作，双击 F2 单元格右下角的填充柄对奖学金列进行自动填充。

提示：""（一对英文半角下的双引号）表示的是空字符串。

（10）使用函数填写计算男生奖学金总额、女生奖学金总额和奖学金总额，分别填入"奖学金"工作表的 E24、E25 和 E26 单元格中。

【参考步骤】

① 计算男生奖学金总额。选择 E24 单元格，单击"公式"选项卡|"函数库"组|"插入函数"按钮 $\frac{fx}{_{插入函数}}$，打开"插入函数"对话框，在选择函数列表框中选择 SUMIF 函数，单击"确定"按钮，弹出"函数参数"对话框。在第 1 个参数框中选择 C2:C21 单元格区域；第 2 个参数框中输入"男"；第 3 个参数框中选择 E2:E21 单元格区域，如图 3.20 所示，单击"确定"按钮即可。

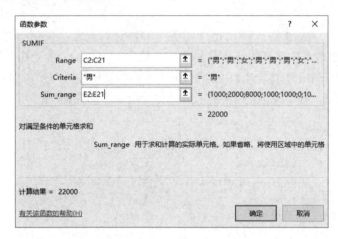

图 3.20　SUMIF"函数参数"对话框

② 计算女生奖学金总额。选择 E25 单元格，在该单元格中输入公式"=SUMIF(C2:C21,"女",E2:E21)"，按 Enter 键完成操作。

③ 计算奖学金总额。选择 E26 单元格，在该单元格中输入公式"=SUM(E2:E21)"，按 Enter 键完成操作。

（11）使用函数计算男生获得奖学金的人数、女生获得奖学金的人数和获得奖学金的总人数，分别填入 E28、E29 和 E30 单元格中。

【参考步骤】

① 计算男生获得奖学金的人数。选择 E28 单元格，单击"公式"选项卡|"函数库"组|"插入函数"按钮，打开"插入函数"对话框，在选择函数列表框中选择 COUNTIFS 函数，单击"确定"按钮，弹出"函数参数"对话框。在第 1 个参数 Criteria_range1 文本框中选择 C2:C21 单元格区域，按 F4 键转换为绝对引用 $C$2:$C$21；第 2 个参数 Criteria1 文本框中输入"男"；第 3 个参数 Criteria_range2 文本框中选择 E2:E21 单元格区域，并修改为绝对引用$E$2:$E$21；第 4 个参数 Criteria2 文本框中输入">0"，如图 3.21 所示，单击"确定"按钮。

② 计算女生获得奖学金的人数。拖动 E28 单元格填充柄至 E29 单元格，双击 E29 单元格，将公式"=COUNTIFS($C$2:$C$21,"男",$E$2:$E$21,">0")"修改为"=COUNTIFS($C$2:$C$21,"女",$E$2:$E$21,">0")"，按 Enter 键完成操作。

③ 计算获得奖学金的总人数。选择 E30 单元格，首先单击"公式"选项卡|"函

数库"组|"自动求和"下拉按钮，在弹出的下拉列表中选择"计数"命令，拖动鼠标选取 E2:E21 单元格区域，则 E30 单元格中就插入了函数"=COUNT(E2:E21)"，然后按 Enter 键完成操作。

图 3.21　COUNTIFS"函数参数"对话框

也可以使用 COUNTIF 函数计算获得奖学金的总人数，在 E30 单元格中输入公式"=COUNTIF(E2:E21,">0")"，按 Enter 键即可。

3.3　实验 3——工作表格式化设置

1．实验目的

（1）掌握设置单元格格式的操作方法。
（2）掌握调整行高和列宽的方法。
（3）掌握条件格式的设置方法。
（4）掌握格式的复制和清除操作方法。
（5）了解插入、编辑和删除套用表格格式的操作方法。

2．实验内容

对"学生信息管理系统"工作簿中的"成绩"工作表，按下列要求进行操作，"成绩"工作表完成后的效果如图 3.22 所示。

（1）将 A1 单元格"第一学期期末考试成绩表"设置为黑体、24 磅、加粗，并作为标题居中显示。其他单元格均居中对齐。

（2）设置 J2 单元格日期格式为"××××年××月××日"。

（3）设置所有平均分单元格为 1 位小数显示。

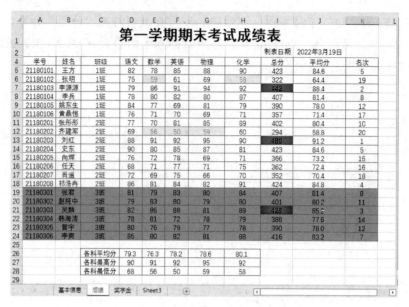

图 3.22 "成绩"工作表格式设置

（4）设置第 1 行行高为 35，第 2 行行高为 20，隐藏第 3 行，其他各行自动调整行高。各列自动调整列宽。

（5）设置单元格的边框为蓝色、所有框线。

（6）冻结前 4 行，以便上下滚屏浏览工作表数据。

（7）使用条件格式将课程成绩不及格（小于 60）的单元格设置为"黄色填充深黄色文本"，将排名前 3 的总分设置为红色加粗文本，并用紫色填充。

（8）使用条件格式将班级为"3 班"的行的所有单元格用绿色填充。

（9）复制"成绩"工作表为"成绩备份"，对"成绩备份"工作表数据 A4:K24 单元格区域套用"表样式中等深浅 15"的表格格式，设置表包含标题，并取消列标题行的筛选标记，再将表转换为区域。

3．实验参考步骤

（1）将 A1 单元格"第一学期期末考试成绩表"设置为黑体、24 磅、加粗，并作为标题居中显示。其他单元格均居中对齐。

【参考步骤】

选中 A1 单元格，在"开始"选项卡"字体"组中单击相应按钮进行黑体、24 磅和加粗格式的设置。

选中需要合并的 A1:K1 单元格区域，单击"开始"选项卡|"对齐方式"组|"合并后居中"按钮🔳，将选择的多个单元格合并成一个较大的单元格，并将新单元格内容居中对齐。

选择除了 A1 单元格的其他单元格，单击"开始"选项卡|"对齐方式"组|"居中"按钮，其他单元格将均居中对齐。

（2）设置 J2 单元格日期格式为"××××年××月××日"。

【参考步骤】

选中 J2 单元格,单击"开始"选项卡|"数字"组|"数字格式"下拉按钮,在下拉列表中选择"长日期"命令,如图 3.23 所示。

(3)设置所有平均分单元格为 1 位小数显示。

【参考步骤】

操作方法 1:选择平均分 J5:J24 单元格区域,按下 Ctrl 键选择各科平均分所在 D26:H26 单元格区域,先单击"开始"选项卡|"数字"组|"数字格式"下拉按钮,在下拉列表中选择"数字"命令,再单击"数字"组中的"减少小数位数"按钮 .00→.0,以使选中区域数据保留 1 位小数。

操作方法 2:选择平均分 J5:J24 单元格区域和各科平均分所在的 D26:H26 单元格区域,单击"开始"选项卡"数字"组右下角的对话框启动按钮,打开"设置单元格格式"对话框,在"数字"选项卡的"分类"列表框中选择"数值",在"小数位数"编辑框中输入 1,如图 3.24 所示,单击"确定"按钮,即可设置小数位数为 1。

图 3.23 "数字格式"下拉列表   图 3.24 "设置单元格格式"对话框

(4)设置第 1 行行高为 35,第 2 行行高为 20,隐藏第 3 行,其他各行自动调整行高。各列自动调整列宽。

【参考步骤】

① 设置第 1 行行高为 35。选中第 1 行或单击第 1 行中的任一单元格,选择"开始"选项卡|"单元格"组|"格式"按钮,在弹出的下拉列表中选择"行高"命令,在

"行高"对话框中输入行高 35，如图 3.25 所示。同样的方法设置第 2 行行高为 20。

② 隐藏第 3 行。选中第 3 行或单击第 3 行中的任一单元格，选择"开始"选项卡|"单元格"组|"格式"按钮，在弹出的下拉列表中选择"隐藏和取消隐藏"命令的级联菜单命令"隐藏行"，如图 3.26 所示，即可隐藏选定的行。

提示：隐藏行的行高为 0，故将第 3 行的行高设为 0，第 3 行也被隐藏。

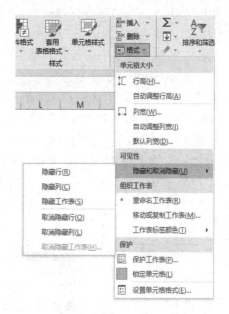

图 3.25 "行高"对话框   图 3.26 格式下拉列表

③ 其他各行自动调整行高，各列自动调整列宽。选中除了前三行的其他行，单击"开始"选项卡|"单元格"组|"格式"按钮，在弹出的下拉列表中选择"自动调整行高"命令，使行高正好容纳一行中最大的文字。选中各列，在下拉列表中选择"自动调整列宽"命令，使列宽正好容纳一列中最多的文字。

（5）设置单元格的边框为蓝色、所有框线。

【参考步骤】

操作方法 1：选择 A4:K24 单元格区域，按下 Ctrl 键拖放鼠标选择 C26:H28 单元格区域。选择"设置单元格格式"对话框中的"边框"选项卡，首先单击"颜色"下拉按钮，在出现的颜色面板中选择"蓝色"，然后在预置选项区域选择"内部"和"外边框"选项，单击"确定"按钮即可。需要注意的是，要先选择边框线颜色，再设置边框。

操作方法 2：选择 A4:K24 单元格区域，按下 Ctrl 键选择 C26:H28 单元格区域。单击"开始"选项卡|"字体"组|"边框"下拉按钮 ，在弹出的下拉列表中单击"线条颜色"，在出现的颜色面板中选择"蓝色"，如图 3.27 所示，此时处于绘制边框状态；先单击"开始"选项卡|"字体"组|"边框"下拉按钮，在弹出的下拉列表中选择"绘制边框"命令，以取消绘制边框状态；再单击"开始"选项卡|"字体"组|"边框"下拉按钮，在弹出的下拉列表中选择"所有框线"命令，选中的区域加上了蓝色框线。

（6）冻结前 4 行，以便上下滚屏浏览工作表数据。

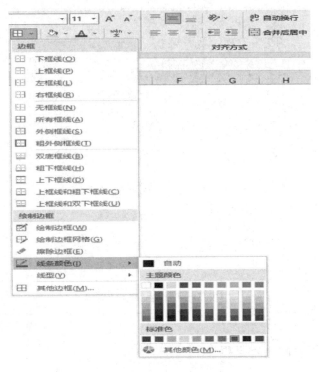

图 3.27 "边框"下拉列表

【参考步骤】

选择要冻结的最后一行下方的行,即第 5 行,单击"视图"选项卡|"窗口"组|"冻结窗格"按钮|"冻结窗格"命令即可。

(7)使用条件格式将课程成绩不及格(小于 60)的单元格设置为"黄色填充深黄色文本",将排名前 3 的总分设置为红色加粗文本,并用紫色填充。

【参考步骤】

① 将课程成绩不及格(小于 60)的单元格设置为"黄色填充深黄色文本"的操作步骤如下:选择工作表中需要设置条件格式的 D5:H24 单元格区域。单击"开始"选项卡|"样式"组|"条件格式"按钮,打开条件格式下拉列表,如图 3.28 所示,选择"突出显示单元格规则"级联菜单中的"小于"命令,弹出"小于"对话框,对话框的设置如图 3.29 所示。

② 将排名前 3 的总分红色加粗文本、紫色填充。选中 I5:I24 单元格区域,单击"开始"选项卡|"样式"组|"条件格式"按钮,打开条件格式下拉列表,选择"最前/最后规则"级联菜单中的"前 10 项"命令,弹出"前 10 项"对话框,如图 3.30 所示。在对话框左侧的编辑框中输入"3",在右侧的下拉列表中选择"自定义格式",单击"确定"按钮,弹出"设置单元格格式"对话框。在该对话框中选择字体颜色为红色、字形加粗、填充色为紫色。

图 3.28　条件格式下拉列表

图 3.29　"小于"对话框

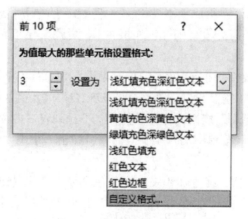

图 3.30　"前 10 项"对话框

（8）使用条件格式将班级为"3 班"的行的所有单元格用绿色填充。

【参考步骤】

选择 A5:K24 单元格区域，单击"开始"选项卡|"样式"组|"条件格式"按钮，打开条件格式下拉列表，选择下拉列表中的"新建规则"命令，弹出"新建格式规则"对话框。在"选择规则类型"列表中选择"仅用公式确定要设置格式的单元格"，在

"为符合此公式的值设置格式"文本框中输入公式"=$C5="3 班"",如图 3.31 所示,单击该对话框中的"格式"按钮,弹出"设置单元格格式"对话框,设置填充色为绿色。单击"确定"按钮,即可将所选单元格区域 C 列值为"3 班"的行的所有单元格用绿色填充。

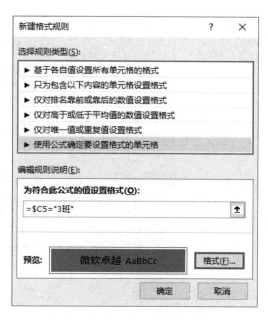

图 3.31 "新建格式规则"对话框

为了突出总分前 3 名的学生,需要调整条件格式的应用顺序。选中 A5:K24 单元格区域,单击"开始"选项卡|"样式"组|"条件格式"按钮,打开条件格式下拉列表,选择下拉列表中的"管理规则"命令,弹出"条件格式规则管理器"对话框,利用对话框中的"上移"按钮将"前 3 个"规则移到最上方,如图 3.32 所示。

"条件格式规则管理器"对话框不仅可以调整规则的应用顺序,而且可以编辑规则、删除规则、新建规则。

图 3.32 "条件格式规则管理器"对话框

(9)复制"成绩"工作表为"成绩备份",对"成绩备份"工作表数据 A4:K24 单元格区域套用"表样式中等深浅 15"的表格格式，设置表包含标题，并取消列标题行的筛选标记，再将表转换为区域。

【参考步骤】

步骤 1：单击"成绩"工作表标签，按下 Ctrl 键的同时鼠标拖动"成绩"工作表，即可复制工作表为"成绩（2）"工作表。将"成绩（2）"工作表重命名为"成绩备份"。

步骤 2：选择"成绩备份"工作表的 A4:K24 单元格区域，单击"开始"选项卡|"样式"组|"套用表格格式"按钮，打开预置样式列表，选择中等色下的"白色，表样式中等深浅 15"样式，弹出如图 3.33 所示的"创建表"对话框，勾选"表包含标题"复选框。单击"确定"按钮，相应的格式就应用到当前选定的单元格区域中，并将该区域转换成一个表。

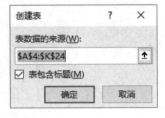

图 3.33 "创建表"对话框

步骤 3：选择 A4:K24 单元格区域中的任一单元格，取消勾选"表格工具|表设计"选项卡|"表格样式选项"组|"筛选按钮"复选框，即可取消列标题行的筛选标记。

步骤 4：选择 A4:K24 单元格区域中的任一单元格，单击"表格工具|表设计"选项卡|"工具"组|"转换为区域"按钮，即可将表转换为普通的单元格区域。

3.4 实验 4——Excel 的图表操作

1．实验目的

（1）掌握创建图表的方法。
（2）掌握图表的编辑和格式设置方法。
（3）掌握迷你图的创建和编辑方法。

2．实验内容

对"学生信息管理系统"工作簿中的"成绩"工作表，按下列要求进行操作，完成后的效果如图 3.34 所示。

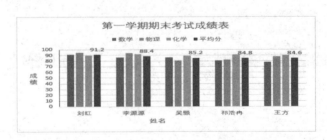

图 3.34 前 5 名学生第一学期期末考试成绩表效果

（1）为总分前 5 名学生的数学、物理和化学成绩创建二维簇状柱形图。
（2）图表标题为 A1 单元格的值，并随着 A1 单元格的值变化而自动更新。垂直

（值）轴标题为成绩，文字方向为竖排，水平（类别）轴标题为姓名。

（3）增加数据系列"平均分"。

（4）将数据系列"平均分"的填充色设为红色。

（5）为"平均分"数据系列添加数据标签，设置数据标签的字号为 10 磅，文本颜色为蓝色。

（6）将垂直（值）轴的主要刻度改为 10，垂直轴线条为蓝色、实线。

（7）将图例放置于图表顶部。

（8）将图表放置到一个独立工作表中，工作表命名为"前 5 名学生数理化成绩图表"。

（9）在"成绩"工作表的 I26:I28 单元格区域中，插入迷你图，各单元格中迷你图的数据范围为所对应的各科平均分、各科最高分和各科最低分，并标记各成绩的最高点和最低点。

3．实验参考步骤

（1）为总分前 5 名学生的数学、物理和化学成绩创建二维簇状柱形图。

【参考步骤】

步骤 1：先将记录按总分降序排序。选择总分列的任一单元格，单击"数据"选项卡|"排序和筛选"组|"降序"按钮 ，即可实现按总分降序排序。

步骤 2：选择数据源。创建图表的数据是"姓名"列以及"数学""物理""化学" 3 科成绩。由于数据区域不连续，先选中 B4:B9 单元格区域，然后按住 Ctrl 键的同时再选择另外的 E4:E9 和 H4:I9 单元格区域。

提示：选择数据源时，列标题一定要选上。

步骤 3：选择图表类型。单击"插入"选项卡|"图表"组|"柱形图或条形图"按钮，弹出图表类型列表框，如图 3.35 所示，在列表框中选择图表子类型"二维柱形图"下的"簇状柱形图"，即可插入图表，如图 3.36 所示。

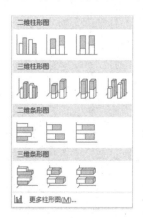

图 3.35　图表类型列表框

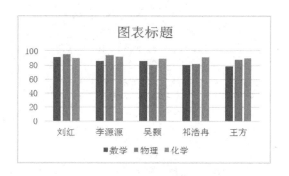

图 3.36　簇状柱形图图表-数据系列产生在列

步骤 4：若生成的图表如图 3.37 所示，则要交换坐标轴上的数据。选中图表，单击

"图表工具|图表设计"选项卡|"数据"组|"切换行/列"按钮，则数据系列由行转换为列或由列转换为行。

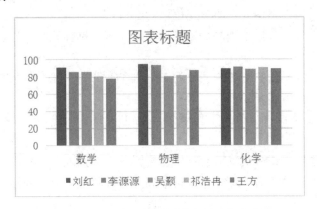

图 3.37 簇状柱形图图表–数据系列产生在行

（2）图表标题为 A1 单元格的值，并随着 A1 单元格值变化而自动更新。垂直（值）轴标题为成绩，文字方向为竖排。水平（类别）轴标题为姓名。

【参考步骤】

选中图表标题，在编辑栏中输入"=成绩!$A$1"，图表标题就链接到 A1 单元格。

单击图表的任意位置，再单击"图表工具|图表设计"选项卡|"图表布局"组|"添加图表元素"按钮，在如图 3.38 所示的列表中选择"坐标轴标题"元素下一级菜单中的"主要纵坐标轴"命令，添加垂直轴标题"成绩"。选择"主要横坐标轴"命令添加水平轴标题"姓名"。

选中垂直轴标题"成绩"，单击"开始"选项卡"对齐方式"组中的"方向"按钮，在弹出的下拉列表中选择"竖排文字"命令，即可将"成绩"竖排显示。

图 3.38 添加坐标轴标题

（3）增加数据系列"平均分"。

【参考步骤】

操作方法 1：选中图表后，单击"图表工具|图表设计"选项卡|"数据"组|"选择数据"按钮，或右击图表区，在弹出的快捷菜单中选择"选择数据"命令，均可打开"选择数据源"对话框，如图 3.39 所示。清空图表数据区域文本框，拖放鼠标在"成绩"工作表中重新选择数据源：B4:B9、E4:E9、G4:H9 和 J4:J9 单元格区域，选完后图表数据区域文本框的内容更新为"=成绩!$B$4:$B$9,成绩!$E$4:$E$9,成绩!$G$4:$H$9,成绩!$J$4:$J$9"。

图 3.39 "选择数据源"对话框

操作方法 2：在"选择数据源"对话框的图例项（系列）组中，单击"添加"按钮，弹出"编辑数据系列"对话框，如图 3.40 所示。将插入点置于系列名称文本框中，单击 J4 单元格；将插入点置于系列值文本框中，并清空文本框，拖动鼠标在工作表中选定 J5:J9 单元格区域，此时该对话框的文本框就输入了数据，如图 3.41 所示。单击该对话框中的"确定"按钮，返回"选择数据源"对话框，将会发现"选择数据源"对话框中的图例项（系列）列表框中添加了"平均分"，如图 3.42 所示，单击该对话框中的"确定"按钮，即可在图表中增加新的数据系列"平均分"。

图 3.40 "编辑数据系列"对话框

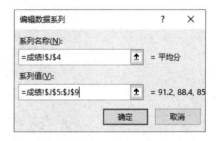

图 3.41 输入系列名称和系列值

提示：在"选择数据源"对话框的图例项（系列）列表框中选择某一系列，单击"删除"按钮将该系列从图表删除，单击"编辑"按钮对该系列的名称和数值进行修改，更改完成后，新的数据源会体现到图表中。

（4）将数据系列"平均分"的填充色设为红色。

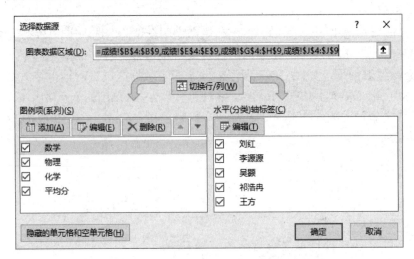

图 3.42　增加新的数据系列"平均分"

【参考步骤】

选择图表区的"平均分"数据系列，单击"图表工具|格式"选项卡|"当前所选内容"组|"设置所选内容格式"按钮，弹出"设置数据系列格式"窗格，如图 3.43 所示。在窗格的上半部分，单击"填充与线条"按钮⬨；在对应窗格下半部分的"填充"选项组中选中"纯色填充"，单击"颜色"标签右侧的"填充颜色"按钮⬛▼，在弹出的颜色面板中选择"红色"即可。

图 3.43　"设置数据系列格式"窗格

（5）为"平均分"数据系列添加数据标签，设置数据标签的字号为 10 磅，文本颜色为蓝色。

【参考步骤】

选择图表区的"平均分"数据系列，单击"图表工具|图表设计"选项卡|"图表布局"组|"添加图表元素"按钮，在如图 3.44 所示的列表中选择"数据标签"元素下一级菜单中的"数据标签外"命令，即为"平均分"数据系列添加了数据标签。

在图表区选中"平均分"数据系列的数据标签，单击"开始"选项卡"字体"组中的相应按钮设置标签的字号为 10 磅，文本颜色为蓝色。

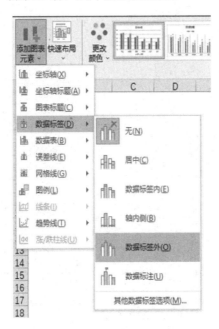

图 3.44　添加数据标签

（6）将垂直（值）轴的主要刻度改为 10，垂直轴线条为蓝色、实线。

【参考步骤】

选择图表区的"垂直轴"，单击"图表工具|格式"选项卡|"当前所选内容"组|"设置所选内容格式"按钮，弹出"设置坐标轴格式"窗格，如图 3.45 所示，在"坐标轴选项"区域"度数"标签右侧的文本框中输入"10"即可。

单击"设置坐标轴格式"窗格上方的"填充与线条"按钮，如图 3.46 所示，选中"线条"组中的"实线"单选按钮，单击"颜色"标签右侧的"填充颜色"按钮，在弹出的颜色面板中选择"蓝色"即可。

（7）将图例放置于图表顶部。

【参考步骤】

选中图表区中任一元素，单击"图表工具|图表设计"选项卡|"图表布局"组|"添加图表元素"按钮，在弹出的下拉列表中选择"图例"元素下一级菜单中的"顶部"命令，即将图例放置于图表顶部。

图 3.45　设置坐标轴刻度　　　　　　　　图 3.46　设置坐标轴线条

（8）将图表放置到一个独立工作表中，工作表命名为"前 5 名学生数理化成绩图表"。

【参考步骤】

选中图表，单击"图表工具|图表设计"选项卡|"位置"组|"移动图表"按钮，或右击图表区，在弹出的快捷菜单中选择"移动图表"命令，则弹出如图 3.47 所示的"移动图表"对话框，选择"新工作表"单选按钮，在其后的文本框中输入该图表工作表的名称"前 5 名学生数理化成绩图表"，单击"确定"按钮即可。

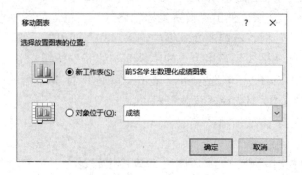

图 3.47　"移动图表"对话框

（9）在"成绩"工作表的 I26:I28 单元格区域中，插入迷你图，各单元格中迷你图的数据范围为所对应的各科平均分、各科最高分、各科最低分，并标记各成绩的最高点和最低点。

【参考步骤】

步骤 1：在"成绩"工作表中，选中 I26 单元格。

步骤 2：在"插入"选项卡"迷你图"组中，选择迷你图的类型为"柱形"，打开"创建迷你图"对话框，如图 3.48 所示。在"数据范围"框中，输入或选择创建迷你图所基于的 D26:H26 单元格区域，在"位置范围"框中指定放置迷你图的位置 I26 单元格。单击"确定"按钮，即将迷你图插入指定单元格中。

图 3.48 "创建迷你图"对话框

步骤 3：选择 I26 单元格，在"迷你图工具|迷你图"上下文选项卡"显示"组中，勾选"高点"和"低点"复选框，即可标记"高点"和"低点"。

步骤 4：拖放 I26 单元格右下角填充柄至 I28 单元格，即可将迷你图向下填充。

提示： 单击"迷你图工具|迷你图"选项卡|"显示"组|"清除"按钮，可以删除迷你图。

3.5 实验 5——Excel 的数据管理操作

1．实验目的

（1）掌握排序的操作方法。

（2）掌握自动筛选和高级筛选的操作方法。

（3）掌握分类汇总的操作方法。

（4）掌握合并计算的操作方法。

2．实验内容

对"学生信息管理系统"工作簿中"成绩"工作表的 A4:K24 单元格区域，按下列要求进行操作。

（1）按班级升序排序。

（2）按总分降序排序，总分相同的记录按数学成绩降序排序。

（3）使用自动筛选功能，筛选出各科成绩都在 80 分以上的记录。

（4）使用高级筛选功能，筛选出各科成绩都在 80 分以上的记录，结果在当前数据区域显示。

（5）使用高级筛选功能，筛选出有不及格成绩的记录，将筛选结果放到一个新建的工作表中，工作表命名为"不及格学生"。

（6）使用分类汇总功能，汇总各班各科成绩的平均分、最高分和最低分。

（7）使用合并计算功能，计算学生的第一学期各科成绩，各科成绩为期中成绩的50%和期末成绩的 50%之和。期中成绩在"期中成绩单"工作表中、期末成绩在"期末成绩单"工作表中，合并计算的结果放到"总成绩单"工作表中。上述表格在"初三一班第一学期成绩"工作簿中。

3. 实验参考步骤

（1）按班级升序排序。

【参考步骤】

首先单击数据区域班级字段中的任一单元格，然后单击"数据"选项卡|"排序和筛选"组|"升序"按钮 $^A_Z\downarrow$，即可实现按班级升序排序。

（2）按总分降序排序，总分相同的记录按数学成绩降序排序。

【参考步骤】

步骤 1：选择要排序的 A4:K24 单元格区域，或者单击该数据区域中任意一个单元格。

步骤 2：单击"数据"选项卡|"排序和筛选"组|"排序"按钮，打开"排序"对话框，如图 3.49 所示，由于标题行不参加排序，故勾选"数据包含标题"复选框。

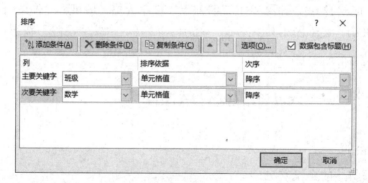

图 3.49 "排序"对话框

步骤 3：在"排序"对话框中，"主要关键字"下拉列表选择"总分"；在"排序依据"下拉列表中，选择"单元格值"；在"次序"列表中，选择要排序的顺序"降序"。

步骤 4：设置第二排序条件。单击"添加条件"按钮，在"次要关键字"下拉列表中选择"数学"，在"排序依据"下拉列表中，选择"单元格值"；在"次序"列表中，选择要排序的顺序"降序"，单击"确定"按钮，完成排序。

（3）使用自动筛选功能，筛选出各科成绩都在 80 分以上的记录。

【参考步骤】

步骤 1：单击该数据区域中任意一个单元格，单击"数据"选项卡|"排序和筛选"组|"筛选"按钮，或单击"开始"选项卡|"编辑"组|"排序和筛选"按钮|"筛选"命

令，此时，各字段名的右侧出现一个下拉按钮。

步骤 2：单击"语文"字段右侧的下拉按钮，从弹出的下拉列表中选择"数字筛选"|"大于或等于"选项，打开"自定义自动筛选方式"对话框，设置"语文"字段筛选条件为"大于或等于 80"，如图 3.50 所示，单击"确定"按钮，即可筛选出语文成绩 80 分以上的记录。

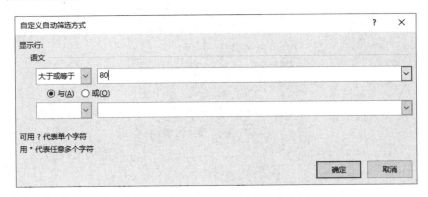

图 3.50 "自定义自动筛选方式"对话框

步骤 3：在以上筛选的基础上，再对数学字段设定筛选条件。单击"数学"字段右侧的下拉按钮，从弹出的下拉列表中选择"数字筛选"|"大于或等于"选项，打开"自定义自动筛选方式"对话框，设置"数学"字段筛选条件为"大于或等于 80"，即可筛选出数学和语文成绩都在 80 分以上的记录。

步骤 4：继续在上次筛选的基础上，分别设置英语、物理和化学字段的筛选条件，实现多重嵌套筛选。

提示：单击"数据"选项卡|"排序和筛选"组|"筛选"按钮，将清除各个字段名后的下拉按钮，即退出自动筛选状态，显示所有记录。

（4）使用高级筛选功能，筛选出各科成绩都在 80 分以上的记录，结果在当前数据区域显示。

【参考步骤】

步骤 1：在数据区域外单独的区域中构建筛序条件，即条件区域和数据区域间有空行或者空列。在 M4:Q5 单元格区域的第一行输入筛选用到的字段名，字段名要求和数据区域中的一致，该区域的第二行输入筛选条件，如图 3.51 所示。在同一行表示的条件为"与（and）"关系，意味着只有这些条件同时满足的数据才会被筛选出来。

语文	数学	英语	物理	化学
>=80	>=80	>=80	>=80	>=80

图 3.51 高级筛选条件区域-与关系

步骤 2：选择数据清单，或者单击该数据清单中的任意一个单元格。单击"数据"选项卡|"排序和筛选"组|"高级"按钮，弹出"高级筛选"对话框，如图 3.52 所示。

步骤 3：在"方式"区域下设定筛选结果的存放位置，选择"在原有区域显示筛选结果"选项。在"列表区域"框中显示当前数据区域，也可以重新指定区域。在"条件区域"框中选择筛选条件所在的 M4:Q5 单元格区域。

图 3.52 "高级筛选"对话框

步骤 4：单击"确定"按钮，符合筛选条件的记录将显示在当前数据区域，如图 3.53 所示。

学号	姓名	班级	语文	数学	英语	物理	化学	总分	平均分	名次		语文	数学	英语	物理	化学
												>=80	>=80	>=80	>=80	>=80
21180303	吴颖	3班	82	86	88	81	89	426	85.2	3						
21180306	李爽	3班	85	80	82	81	88	416	83.2	7						
21180203	刘红	2班	88	91	92	95	90	456	91.2	1						
21180208	祁浩冉	2班	86	81	84	82	91	424	84.8	4						
21180204	史东	2班	90	80	85	87	81	423	84.6	5						

图 3.53 高级筛选-与关系筛选结果

提示：单击"数据"选项卡|"排序和筛选"组|"清除"按钮，清除工作表中的所有筛选条件并重新显示所有记录。

（5）使用高级筛选功能，筛选出有不及格成绩的记录，将筛选结果放到一个新建的工作表中，工作表命名为"不及格学生"。

【参考步骤】

步骤 1：构建条件区域。在不同行表示的条件为"或（or）"关系，意味着只要满足其中的一个条件就会被筛选出来。M4:Q9 单元格区域的关系如图 3.54 所示。

语文	数学	英语	物理	化学
<60				
	<60			
		<60		
			<60	
				<60

图 3.54 高级筛选条件区域-或关系

步骤 2：单击"数据"选项卡|"排序和筛选"组|"高级"按钮，弹出"高级筛

序"对话框。在"方式"区域下选择"在原有区域显示筛选结果"选项。在"列表区域"框中默认显示当前数据区域，在"条件区域"框中选择筛选条件所在的 M4:Q9 单元格区域。

步骤 3：筛选结果如图 3.55 所示，不符合满足条件的记录被隐藏。

图 3.55　高级筛选–或关系筛选结果

步骤 4：插入一个工作表，重命名为"不及格学生"。选择筛选出来的记录，复制到"不及格学生"工作表中。

步骤 5：切换到"成绩"工作表，单击"数据"选项卡|"排序和筛选"组|"清除"按钮，清除所有筛选条件并重新显示所有记录。

（6）使用分类汇总功能，汇总各班各科成绩的平均分、最高分和最低分。

【参考步骤】

步骤 1：首先对班级字段进行排序，升序降序均可。

步骤 2：选择要进行分类汇总的 A4:K24 单元格区域，或者单击数据区域中的任一单元格。

步骤 3：单击"数据"选项卡|"分级显示"组|"分类汇总"按钮，打开如图 3.56 所示的"分类汇总"对话框。

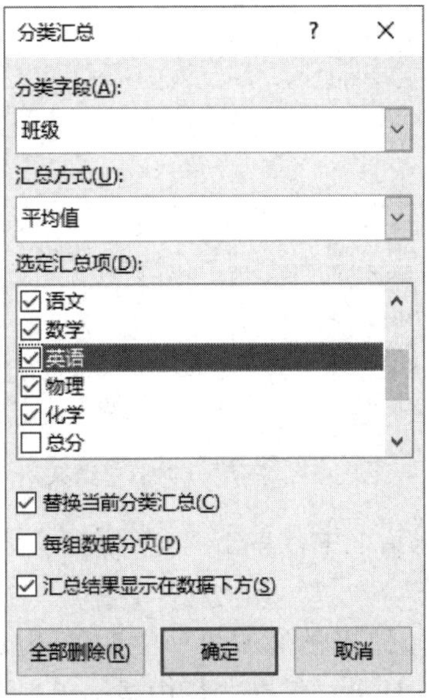

图 3.56　"分类汇总"对话框

步骤 4：在“分类字段”下拉列表中，选择要作为分组依据的字段“班级”。在“汇总方式”下拉列表中，选择用于计算的汇总函数“平均值”。在“选定汇总项”列表框中，选择要进行汇总计算的字段：语文、数学、英语、物理、化学。勾选“替换当前分类汇总”和“汇总结果显示在数据下方”复选框。

步骤 5：单击“确定”按钮，汇总各个班各科成绩的平均分。

步骤 6：重复步骤 3~步骤 5，汇总各班各科成绩的最高分，为了避免覆盖现有分类汇总，第二层分类汇总时要清除对“替换当前分类汇总”复选框的选择。

步骤 7：重复步骤 3~步骤 5，汇总各班各科成绩的最低分，为了避免覆盖现有分类汇总，第三层分类汇总时要清除对“替换当前分类汇总”复选框的选择。

步骤 8：三层分类汇总结果如图 3.57 所示，可以使用分级显示符号 1 2 3 4 5 、+ 和 - 显示和隐藏明细数据。

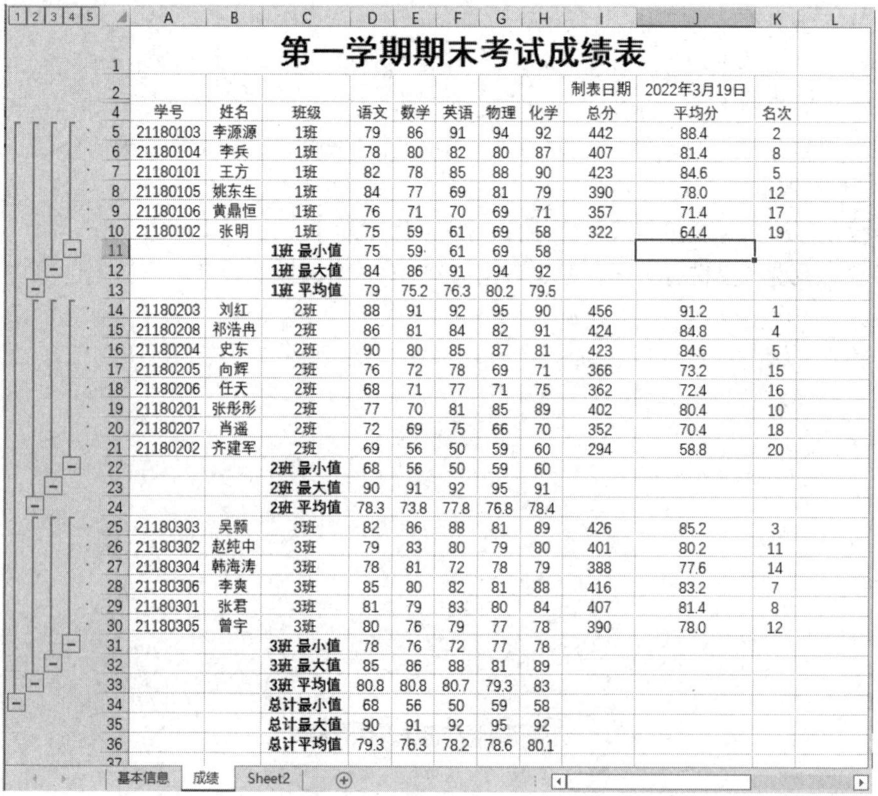

	A	B	C	D	E	F	G	H	I	J	K
1	第一学期期末考试成绩表										
2									制表日期	2022年3月19日	
4	学号	姓名	班级	语文	数学	英语	物理	化学	总分	平均分	名次
5	21180103	李源源	1班	79	86	91	94	92	442	88.4	2
6	21180104	李兵	1班	78	80	82	80	87	407	81.4	8
7	21180101	王方	1班	82	78	85	88	90	423	84.6	5
8	21180105	姚东生	1班	84	77	69	81	79	390	78.0	12
9	21180106	黄鼎恒	1班	76	71	70	69	71	357	71.4	17
10	21180102	张明	1班	75	59	61	69	58	322	64.4	19
11			**1班 最小值**	75	59	61	69	58			
12			**1班 最大值**	84	86	91	94	92			
13			**1班 平均值**	79	75.2	76.3	80.2	79.5			
14	21180203	刘红	2班	88	91	92	95	90	456	91.2	1
15	21180208	祁浩冉	2班	86	81	84	82	91	424	84.8	4
16	21180204	史东	2班	90	80	85	87	81	423	84.6	5
17	21180205	向辉	2班	76	72	78	69	71	366	73.2	15
18	21180206	任天	2班	68	71	77	71	75	362	72.4	16
19	21180201	张彤彤	2班	77	70	81	85	89	402	80.4	10
20	21180207	肖遥	2班	72	69	75	66	70	352	70.4	18
21	21180202	齐建军	2班	69	56	50	59	60	294	58.8	20
22			**2班 最小值**	68	56	50	59	60			
23			**2班 最大值**	90	91	92	95	91			
24			**2班 平均值**	78.3	73.8	77.8	76.8	78.4			
25	21180303	吴颗	3班	82	86	88	81	89	426	85.2	3
26	21180302	赵纯中	3班	79	83	80	79	80	401	80.2	11
27	21180304	韩海涛	3班	78	81	72	78	79	388	77.6	14
28	21180306	李爽	3班	85	80	82	81	88	416	83.2	7
29	21180301	张君	3班	81	79	83	80	84	407	81.4	8
30	21180305	曾宇	3班	80	76	79	77	78	390	78.0	12
31			**3班 最小值**	78	76	72	77	78			
32			**3班 最大值**	85	86	88	81	89			
33			**3班 平均值**	80.8	80.8	80.7	79.3	83			
34			**总计最小值**	68	56	50	59	58			
35			**总计最大值**	90	91	92	95	92			
36			**总计平均值**	79.3	76.3	78.2	78.6	80.1			

图 3.57　三层分类汇总结果

提示：在“分类汇总”对话框中，单击“全部删除”按钮，可以删除当前的分类汇总，回到原始的数据清单状态。

（7）使用合并计算功能，计算学生的第一学期各科成绩，各科成绩为期中成绩的 50%和期末成绩的 50%的和。期中成绩在“期中成绩单”工作表中、期末成绩在“期末成绩单”工作表中，合并计算的结果放到“总成绩单”工作表中。上述表格在“初三一班第一学期成绩”工作簿中。

【参考步骤】

步骤 1：打开"初三一班第一学期成绩"工作簿，单击"总成绩单"工作表标签，将"总成绩单"工作表切换为活动工作表。

步骤 2：单击"总成绩单"工作表中用于存放合并计算结果的起始位置 A3 单元格。

步骤 3：单击"数据"选项卡|"数据工具"组|"合并计算"按钮，打开"合并计算"对话框。

步骤 4：在"函数"下拉列表中，选择汇总方式"平均值"。

步骤 5：先在"引用位置"处添加数据源即需要合并的数据区域。选择"期中成绩单"工作表中的 A3:H9 单元格区域，然后单击"添加"按钮；再选择"期末成绩单"工作表中的 A3:H9 单元格区域，然后单击"添加"按钮。选定的这两个数据区域显示在"所有引用位置"列表框中，如图 3.58 所示。

图 3.58 "合并计算"对话框

步骤 6：勾选"标签位置"选项组中的"首行"和"最左列"复选框，表示使用数据源的列标题和行标题作为汇总数据表格的列标题和行标题，相同标题的数据将进行汇总计算。

步骤 7：单击"确定"按钮，完成合并计算。由于合并结果的第一个列标题为默认且不会复制数据源的单元格格式，需在 A3 单元格中输入"学号"，并设置合并结果区域的单元格格式，将合并结果放到"总成绩单"工作表中。

习题

一、选择题

1. 在 Excel 2016 中，清除和删除（　　　）。

  A．不一样，删除是对选定的单元格区域的内容删除，单元格依然存在，而清

除则是将选定的单元格和单元格的内容一并删除

    B．完全一样

    C．不一样，清除是对选定的单元格区域的内容删除，单元格的数据格式和批注保持不变，而删除则是将单元格和单元格数据格式及批注一并删除

    D．不一样，清除是指清除选定的单元格区域的内容、格式等，单元格依然存在，而删除则是将指定的单元格和单元格内容一并删除

2．在 Excel 2016 中，在单元格中输入文本"13075306768"，输入方法是（   ）。

    A．先输入一个双引号，然后输入"13075306768"

    B．在编辑栏输入"13075306768"

    C．直接输入"13075306768"

    D．先输入一个英文半角单引号"'"，然后输入"13075306768"

3．如果在单元格中输入数据"20091525"，Excel 将它识别为（   ）。

    A．数值型   B．日期时间型

    C．公式型   D．文本型

4．在 Excel 2016 中，要使标题文字相对于表格（含有多列）居中，应使用"开始"选项卡"对齐方式"组的（   ）按钮。

    A．合并后居中   B．居中

    C．分散对齐   D．两端对齐

5．小明希望在 Excel 的每个工作簿中输入数据时，字体、字号总能自动设为 Calibri、9 磅，最优的操作方法是（   ）。

    A．先输入数据，然后选中这些数据并设置其字体、字号

    B．先选中整个工作表，设置字体、字号后再输入数据

    C．先选中整个工作表并设置字体、字号，之后将其保存为模板，再依据该模板创建新工作簿并输入数据

    D．先通过"Excel 选项"对话框的常规选项，设置新建工作簿时默认的字体、字号，然后再新建工作簿并输入数据

6．王老师在 Excel 中为 200 位学生每人制作了一个成绩条，每个成绩条之间有一个空行分隔。他希望同时选中所有成绩条及分隔空行，最快捷的操作方法是（   ）。

    A．直接在成绩条区域中拖动鼠标进行选择

    B．先单击成绩条区域的某一个单元格，然后按 Ctrl+A 组合键两次

    C．先单击成绩条区域的第一个单元格，然后按 Ctrl+Shift+End 组合键

    D．先单击成绩条区域的第一个单元格，按住 Shift 键不放再单击该区域的最后一个单元格

7．小王要将一份通过 Excel 整理的调查问卷统计结果送交经理审阅，这份调查表包含统计结果和中间数据两个工作表。他希望经理无法看到其存放中间数据的工作表，最优的操作方法是（   ）。

    A．将存放中间数据的工作表删除

    B．将存放中间数据的工作表移动到其他工作簿中保存

C．先将存放中间数据的工作表隐藏，然后设置保护工作表隐藏

D．先将存放中间数据的工作表隐藏，然后设置保护工作簿结构

8．老王正在 Excel 中计算员工本年度的年终奖金，他希望与存放在不同工作簿中的前三年奖金发放情况进行比较，最优的操作方法是（　　　）。

A．分别打开前三年的奖金工作簿，将它们复制到同一个工作表中进行比较

B．通过全部重排功能，将四个工作簿平铺在屏幕上进行比较

C．通过并排查看功能，分别将今年与前三年的数据两两进行比较

D．打开前三年的奖金工作簿，需要比较时在每个工作簿窗口之间进行切换查看

9．小王从网站上查到了最近一次全国人口普查的数据表格，他准备将这份表格中的数据引用到 Excel 中以便进一步分析，最优的操作方法是（　　　）。

A．对照网页上的表格，直接将数据输入 Excel 工作表中

B．通过复制、粘贴功能，将网页上的表格复制到 Excel 工作表中

C．通过 Excel 中的"自网站获取外部数据"功能，直接将网页上的表格导入 Excel 工作表中

D．先将包含表格的网页保存为.htm 或.html 格式文件，然后在 Excel 中直接打开该文件

10．在 Excel 某列单元格中，快速填充 2011—2013 年每月最后一天日期的最优操作方法是（　　　）。

A．先在第一个单元格中输入"2011-1-31"，然后使用 MONTH 函数填充其余 35 个单元格

B．先在第一个单元格中输入"2011-1-31"，拖动填充柄，然后使用智能标记自动填充其余 35 个单元格

C．先在第一个单元格中输入"2011-1-31"，然后使用格式刷直接填充其余 35 个单元格

D．先在第一个单元格中输入"2011-1-31"，然后执行"开始"选项卡中的"填充"命令

11．在 Excel 工作表中，编码与分类信息以"编码分类"的格式显示在了一个数据列内，若将编码与分类分为两列显示，最优的操作方法是（　　　）。

A．重新在两列中分别输入编码列和分类列，将原来的编码与分类列删除

B．将编码与分类列在相邻位置复制一列，将一列中的编码删除，另一列中的分类删除

C．使用文本函数将编码与分类信息分开

D．先在编码与分类列右侧插入一个空列，然后利用 Excel 的分列功能将其分开

12．小王在 Excel 中整理职工档案，希望"性别"一列只能从"男"和"女"两个值中进行选择，否则系统提示错误信息，最优的操作方法是（　　　）。

A．通过 IF 函数进行判断，控制"性别"列的输入内容

B．请同事帮忙进行检查，错误内容用红色标记

C．设置条件格式，标记不符合要求的数据

D．设置数据验证，控制允许"性别"列的输入内容

13. 张老师使用 Excel 统计班级学生考试成绩，工作表的第一行为标题行，第一列为考生姓名。由于考生较多，在 Excel 的一个工作表中无法完全显示所有行和列的数据，为方便查看数据，现需要对工作表的首行和首列进行冻结操作，以下最优的操作方法是（   ）。

A．选中工作表的 A1 单元格，单击"视图"选项卡下"窗口"功能组中的"冻结窗格"按钮，在下拉列表中选择"冻结窗格"

B．选中工作表的 B2 单元格，单击"视图"选项卡下"窗口"功能组中的"冻结窗格"按钮，在下拉列表中选择"冻结窗格"

C．首先选中工作表的 A 列，单击"视图"选项卡下"窗口"功能组中的"冻结窗格"按钮，在下拉列表中选择"冻结首列"，再选中工作表的第 1 行，单击"视图"选项卡下"窗口"功能组中的"冻结窗格"按钮，在下拉列表中选择"冻结首行"

D．首先选中工作表的第 1 行，单击"视图"选项卡下"窗口"功能组中的"冻结窗格"按钮，在下拉列表中选择"冻结首行"，再选中工作表的 A 列，单击"视图"选项卡下"窗口"功能组中的"冻结窗格"按钮，在下拉列表中选择"冻结首列"

14. SUMIF 函数单元格区域如图 3.59 所示，函数 SUMIF(A2:A7,"水果", C2:C7)的值为（   ）。

	A	B	C
1	类别	食物	销售额
2	蔬菜	西红柿	2300
3	蔬菜	西芹	5500
4	水果	橙子	800
5		黄油	400
6	蔬菜	胡萝卜	4200
7	水果	苹果	1200

图 3.59 SUMIF 函数单元格区域

A. 2000   B. 800   C.1200   D. 14400

15. COUNTIF 函数单元格区域如图 3.60 所示，函数 COUNTIF(A2:A5,"苹果")的值为（   ）。

	A	B	C
1	数据	数据	
2	苹果	32	
3	橙子	54	
4	桃子	75	
5	苹果	86	

图 3.60 COUNTIF 函数单元格区域

A. 2 　　　 B. 118 　　　 C. 32 　　　 D. 86

16. 在 Excel 工作表中存放了第一中学和第二中学所有班级总计 300 个学生的考试成绩，A 列到 D 列分别对应"学校"、"班级"、"学号"和"成绩"，利用公式计算第一中学 3 班的平均分，最优的操作方法是（　　　）。

    A．=SUMIFS(D2:D301,A2:A301,"第一中学",B2:B301,"3 班")/COUNTIFS(A2: A301, "第一中学",B2:B301,"3 班")

    B．=SUMIFS(D2:D301,B2:B301,"3 班")/COUNTIFS(B2:B301,"3 班")

    C．=AVERAGEIFS(D2:D301,A2:A301,"第一中学",B2:B301,"3 班")

    D．=AVERAGEIF(D2:D301,A2:A301,"第一中学",B2:B301,"3 班")

17. 若 Excel 单元格值大于 0，则在本单元格中显示"已完成"；若 Excel 单元格值小于 0，则在本单元格中显示"还未开始"；若单元格值等于 0，则在本单元格中显示"正在进行中"，最优的操作方法是（　　　）。

    A．使用 IF 函数

    B．通过自定义单元格格式，设置数据的显示方式

    C．使用条件格式命令

    D．使用自定义函数

18. 在 Excel 工作表 A1 单元格中存放了 18 位二代身份证号码，在 A2 单元格中利用公式计算该人的年龄，最优的操作方法是（　　　）。

    A．=YEAR(TODAY())−MID(A1,6,8)

    B．=YEAR(TODAY())−MID(A1,6,4)

    C．=YEAR(TODAY())−MID(A1,7,8)

    D．=YEAR(TODAY())−MID(A1,7,4)

19. 在 Excel 成绩单工作表中包含了 20 个同学的成绩，C 列为成绩值，第一行为标题行，在不改变行列顺序的情况下，在 D 列统计成绩排名，最优的操作方法是（　　　）。

    A．先在 D2 单元格中输入"=RANK(C2,$C$2:$C$21)"，然后向下拖动该单元格的填充柄到 D21 单元格

    B．先在 D2 单元格中输入"=RANK(C2,C$2:C$21)"，然后向下拖动该单元格的填充柄到 D21 单元格

    C．先在 D2 单元格中输入"=RANK(C2,$C$2:$C$21)"，然后双击该单元格的填充柄

    D．先在 D2 单元格中输入"=RANK(C2,C$2:C$21)"，然后双击该单元格的填充柄

20. 某公司需要统计各类商品的全年销量冠军。在 Excel 中，最优的操作方法是（　　　）。

    A．在销量表中直接找到每类商品的销量冠军，并用特殊的颜色标记

    B．分别对每类商品的销量进行排序，将销量冠军用特殊的颜色标记

    C．通过自动筛选功能，分别找出每类商品的销量冠军，并用特殊的颜色标记

D. 通过设置条件格式，分别标出每类商品的销量冠军

21．以下对 Excel 高级筛选功能，说法正确的是（　　）。

    A. 高级筛选通常需要在工作表中设置条件区域

    B. 利用"数据"选项卡中的"排序和筛选"组内的"筛选"命令可进行高级筛选

    C. 高级筛选之前必须对数据进行排序

    D. 高级筛选就是自定义筛选

22．在 Excel 2016 中，对数据清单进行"高级筛选"，可通过复制原数据清单标题行上的单元格作为"条件区域"中的字段名行内容，原因是（　　）。

    A. "条件区域"中字段名行的内容不能由用户自己输入

    B. 保证"条件区域"的字段和数据清单的字段是同一个

    C. 数据清单的标题行有特殊用途

    D. "条件区域"的字段名行必须与条件行的格式有所区别

23．小王在 Excel 中对产品销售情况进行分析，他需要选择不连续的数据区域作为创建分析图表的数据源，最优的操作方法是（　　）。

    A. 直接拖动鼠标选择相关的数据区域

    B. 按住 Ctrl 键不放，拖动鼠标依次选择相关的数据区域

    C. 按住 Shift 键不放，拖动鼠标依次选择相关的数据区域

    D. 在名称框中分别输入单元格区域地址，中间用英文半角逗号分隔

24．不可以在 Excel 工作表中插入的迷你图类型是（　　）。

    A. 迷你折线图   B. 迷你柱形图

    C. 迷你散点图   D. 迷你盈亏图

25．小王在 Excel 中制作了一份通讯录，并为工作表数据区域设置了合适的边框和底纹，他希望工作表中默认的灰色网格线不再显示，最快捷的操作方法是（　　）。

    A. 在"页面设置"对话框中设置不显示网格线

    B. 在"页面布局"选项卡上的"工作表选项"组中设置不显示网格线

    C. 在"Excel 选项"对话框的高级选项下，设置工作表不显示网格线

    D. 在"Excel 选项"对话框的高级选项下，设置工作表网格线为白色

二、应用练习

期末考试结束了，初三（14）班的班主任王老师需要对本班学生的各科考试成绩进行统计分析，按照下列要求完成该班的成绩统计工作并按原文件名进行保存。

1．打开"学生成绩.xlsx"工作簿，在最左侧插入一个空白工作表，重命名为"初三学生档案"，并将该工作表标签颜色设为"紫色"。

2．首先将以制表符分隔的文本文件"学生档案.txt"自 A1 单元格开始导入工作表"初三学生档案"中，注意不得改变原始数据的排列顺序。其次将第 1 列数据从左到右依次分成"学号"和"姓名"两列显示。最后创建一个名为"档案"、包含 A1:G56 单元格区域、包含标题的表，同时删除外部链接。

3．首先在工作表"初三学生档案"中，利用公式及函数依次输入每个学生的性别"男"或"女"、出生日期"××××年××月××日"和年龄。其中：身份证号的倒数第 2 位用于判断性别，奇数为男性，偶数为女性；身份证号的第 7～14 位代表出生年月日；年龄需要按周岁计算，满 1 年才计 1 岁。最后适当调整工作表的行高和列宽、对齐方式等，以方便阅读。

4．参照工作表"初三学生档案"，使用 VLOOKUP 函数在工作表"语文"中输入与学号对应的"姓名"；按照平时、期中、期末成绩各占 30%、30%、40%的比例计算每个学生的"学期成绩"并填入相应单元格中；按成绩由高到低的顺序统计每个学生的"学期成绩"排名并按"第 n 名"的形式填入"班级名次"列中；按照如表 3.2 所列的条件填写"期末总评"。

表 3.2　各科期末总评和学期成绩的对应关系

语文、数学的学期成绩	其他科目的学期成绩	期末总评
≥102	≥90	优秀
≥84	≥75	良好
≥72	≥60	及格
<72	<60	不及格

5．将工作表"语文"的格式全部应用到其他科目工作表中，包括行高（各行行高均为 22）和列宽（各列列宽均为 14）。并按上题中的要求依次输入或统计其他科目的"姓名"、"学期成绩"、"班级名次"和"期末总评"。

6．使用 VLOOKUP 函数分别将各科的"学期成绩"引入工作表"期末总成绩"的相应列中，在工作表"期末总成绩"中依次引入姓名、计算每个学生的总分，并按总分由高到底的顺序统计每个学生的排名、并以 1、2、3…形式标识名次，最后将所有成绩的数字格式设为数值、保留两位小数。

7．在工作表"期末总成绩"中分别用红色和加粗格式标出各科第一名成绩。同时将前 10 名的总分成绩用浅蓝色填充。

8．调整工作表"期末总成绩"的页面布局以便打印：纸张方向为横向，缩减打印输出使得所有列只占一个页面（但不得缩小列宽），水平居中打印在纸上。

第4章 演示文稿制作软件

4.1 实验1——演示文稿的创建与幻灯片管理

1．实验目的

（1）掌握在演示文稿中添加幻灯片以及版式设置的方法。

（2）掌握演示文稿中幻灯片的插入、复制、移动、删除、隐藏等操作方法。

（3）掌握 PowerPoint 2016 的几种视图方式的应用。

2．实验内容

（1）创建一个空白的演示文稿，并插入 5 张幻灯片。

① 创建空白演示文稿。

② 分别使用选项卡下的按钮、快捷菜单中的命令、快捷键等方法在演示文稿中插入 5 张幻灯片，对插入的幻灯片根据需要修改其版式。

③ 保存演示文稿。

（2）打开演示文稿素材"演示文稿 2"，练习幻灯片的管理操作。

① 打开实验素材"演示文稿 2"。

② 选定幻灯片，用不同方法对幻灯片进行复制、移动。

③ 选定幻灯片，用不同方法对幻灯片进行隐藏、删除。

（3）打开实验素材中提供的演示文稿文件"演示文稿 2"，使用各种视图方式浏览文稿，观察各种视图方式下文稿显示效果的变化，完成功能操作。

① 打开实验素材"演示文稿 2"。

② 切换演示文稿的视图方式为"幻灯片浏览视图"。

③ 切换演示文稿的视图方式为"阅读视图"。

④ 切换演示文稿的视图方式为"备注页视图"。

⑤ 切换演示文稿的视图方式为"大纲视图"。

3．实验参考步骤

（1）创建一个空白的演示文稿，并插入 5 张幻灯片。

① 创建空白演示文稿。

【参考步骤】

单击"文件"选项卡|"新建"命令，创建一个文件名为"演示文稿 1"的空白演示文稿，如图 4.1 所示。或者单击快速访问工具栏中的"新建"按钮 ▯ 创建空白演示文稿。

图 4.1　新建空白演示文稿

　　② 分别使用选项卡下的按钮、快捷菜单中的命令、快捷键等方法在演示文稿中插入 5 张幻灯片，对插入的幻灯片根据需要修改其版式。

【参考步骤】

　　单击"开始"选项卡 |"幻灯片"组 |"新建幻灯片"下拉按钮，在下拉列表中插入一张版式为"标题和内容"的新幻灯片，如图 4.2 所示。

图 4.2　新建幻灯片

　　选定第 2 张幻灯片，单击"开始"选项卡 |"幻灯片"组 |"新建幻灯片"下拉按钮，可以在第 2 张幻灯片后插入一张版式为"标题和内容"的幻灯片 3。

选定第 3 张幻灯片，按 Enter 键，可以在第 3 张幻灯片后插入一张版式为"标题和内容"的幻灯片 4。

选定第 4 张幻灯片，右击，在快捷菜单中单击"新建幻灯片"，可以在第 4 张幻灯片后插入一张版式为"标题和内容"的幻灯片 5。

选定第 1 张幻灯片，在标题占位符中输入如图 4.3 所示的内容，简单排版。

图 4.3　第 1 张幻灯片

选定第 2 张幻灯片，在标题和内容占位符中输入如图 4.4 所示的内容，简单排版（SmartArt 图形的插入和格式化操作请参考第 2 章中的相关部分）。

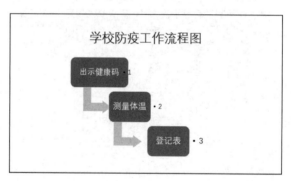

图 4.4　第 2 张幻灯片

选定第 3 张幻灯片，先单击"开始"选项卡｜"幻灯片"组｜"版式"｜"两栏内容"，将该幻灯片版式修改为"两栏内容"，然后在幻灯片中输入如图 4.5 所示的内容。

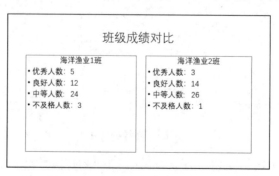

图 4.5　第 3 张幻灯片

第 4 和第 5 张幻灯片的版式和内容根据自己的需求制定，不做统一的要求。

③ 保存演示文稿。

方法 1：单击快速访问工具栏上的"保存"按钮，或按 Ctrl+S 组合键，或者使用"文件"选项卡｜"保存"命令，在弹出的对话框中输入文件名"实验一"，选定文件存放位置后，单击"保存"按钮，如图 4.6 所示。

图 4.6 保存演示文稿

方法 2：单击"文件"选项卡｜"另存为"｜"这台电脑"或"浏览"按钮，在弹出的对话框中输入文件名"实验一"，选定文件存放位置后，单击"保存"按钮，如图 4.7 所示。

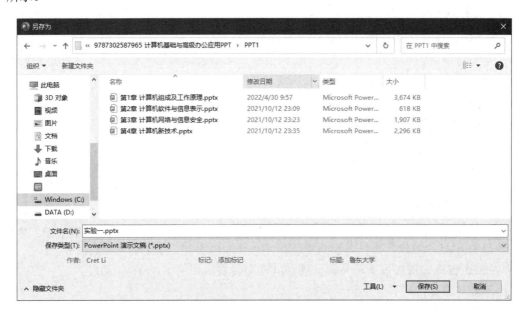

图 4.7 "另存为"对话框

（2）打开演示文稿素材"演示文稿 2"，练习幻灯片的管理操作。

① 打开实验素材"演示文稿 2"。

【参考步骤】

单击"文件"选项卡│"打开"命令，双击"这台电脑"按钮，打开"打开"对话框，在对话框中选择文件位置、文件名（演示文稿2），单击"打开"按钮。

② 选定幻灯片，用不同方法对幻灯片进行复制、移动。

【参考步骤】

幻灯片复制

在普通视图的"幻灯片│大纲"窗格中，选定第 1 张幻灯片，进行如下操作中的任意一种。

●单击"开始"选项卡│"剪贴板"组│"复制"按钮。

●组合键：Ctrl+C 组合键。

●右击，在快捷菜单中选择"复制"命令。

首先将选定的第 1 张幻灯片放入剪贴板中，然后选定最后一张幻灯片（确定粘贴位置），进行如下操作中的任意一种。

●单击"开始"选项卡│"剪贴板"组│"粘贴"按钮。

●组合键：Ctrl+V 组合键。

●右击，在快捷菜单中选择"粘贴"命令。

幻灯片移动

在普通视图的"幻灯片│大纲"窗格中，选定第 1 张幻灯片，进行如下操作中的任意一种。

●单击"开始"选项卡│"剪贴板"组│"剪切"按钮。

●组合键：Ctrl+X 组合键。

●右击，在快捷菜单中选择"剪切"命令。

首先将选定的第 1 张幻灯片放入剪贴板中，然后选定最后一张幻灯片（确定粘贴位置），进行如下操作中的任意一种。

●单击"开始"选项卡│"剪贴板"组│"粘贴"按钮。

●组合键：Ctrl+V 组合键。

●右击，在快捷菜单中选择"粘贴"命令。

③ 选定幻灯片，用不同方法对幻灯片进行隐藏、删除。

【参考步骤】

幻灯片隐藏

选定第 10～12 张幻灯片，右击，在快捷菜单中选择"隐藏幻灯片"命令，将第10～12 张幻灯片隐藏，在任务窗格中观察 10～12 张幻灯片的编号的变化。

按 F5 键从头播放该演示文稿，观察放映中是否出现第 10～12 张幻灯片。

幻灯片删除

在普通视图的任务窗格中，选定第 6 张幻灯片，单击 Delete 键或者右击，在快捷菜单中选择"删除幻灯片"命令，将第 6 张幻灯片删除。

此时如果单击快速访问工具栏的"撤销"按钮或者使用 Ctrl+Z 组合键可以撤销该删除操作。

（3）打开实验素材中提供的演示文稿文件"演示文稿 2"，使用各种视图方式浏览文稿，观察各种视图方式下文稿显示效果的变化，完成功能操作。

① 打开实验素材"演示文稿 2"。

【参考步骤】

单击"文件"选项卡|打开，双击"这台电脑"按钮，启动"打开"对话框，在对话框中选择文件位置、文件名（演示文稿2），单击"打开"按钮即可。

② 切换演示文稿的视图方式为"幻灯片浏览视图"。

【参考步骤】

单击"视图"选项卡|"演示文稿视图"|"幻灯片浏览"按钮，进入"幻灯片浏览"视图，效果如图 4.8 所示。从图中可以看到此组演示文稿的整体效果及版式的协调性。用户可以利用"显示比例"按钮或滑块控制幻灯片浏览视图的比例。在该视图中，可以方便地直接把幻灯片从原来的位置拖到另一个位置，以此来更改幻灯片的显示顺序。

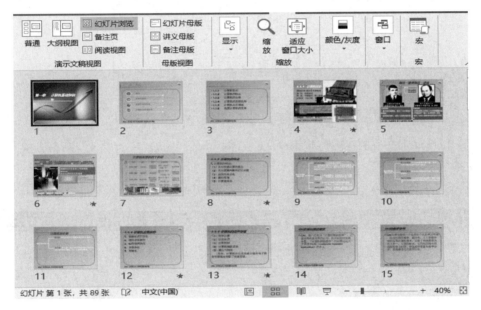

图 4.8 "幻灯片浏览"视图

单击第 5 张幻灯片，拖动鼠标到第 1 张幻灯片的后面，可以移动幻灯片。在拖动的同时按住 Ctrl 键，则可以完成幻灯片的复制操作。

③ 切换演示文稿的视图方式为"阅读视图"。

【参考步骤】

单击"视图"选项卡|"演示文稿视图"组|"阅读视图"按钮，观看该视图方式下的显示效果。

④ 切换演示文稿的视图方式为"备注页视图"。

【参考步骤】

单击"视图"选项卡|"演示文稿视图"组|"备注页视图"按钮，效果如图 4.9 所示。

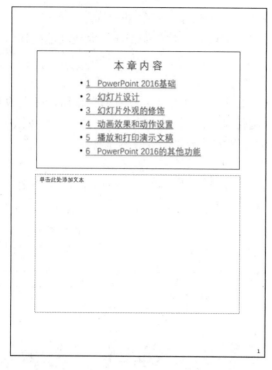

图 4.9　演示文稿"备注页视图"

⑤ 切换演示文稿的视图方式为"大纲视图"。

【参考步骤】

单击"视图"选项卡│"演示文稿视图"│"大纲视图"按钮，效果如图4.10所示。

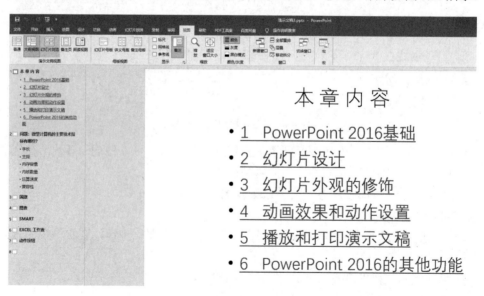

图 4.10　演示文稿的"大纲视图"

4.2 实验2——幻灯片的编辑与修饰

1. 实验目的

（1）掌握在幻灯片中插入图片、文本框、艺术字、音频、视频等各种对象及其编辑的方法；掌握幻灯片中对插入对象进行格式化的方法。

（2）掌握演示文稿中幻灯片的修饰方法。

（3）掌握幻灯片母版的编辑与应用方法。

2. 实验内容

（1）在新建的空白演示文稿中，插入5张不同版式的幻灯片，并编辑幻灯片内容。

① 启动PowerPoint 2016，创建空白演示文稿，插入5张幻灯片，对插入的幻灯片根据需要修改其版式。

② 在幻灯片中分别插入图片、表格、艺术字对象，并对其进行格式化。

③ 在幻灯片中分别插入音频、视频对象，并对其进行格式化。

④ 在演示文稿中插入第6张幻灯片，版式设置为"两列内容"，两列分别用来总结今年的情况和规划明年的计划。

（2）对演示文稿中幻灯片进行不同种类的背景设计和主题设计。

① 使用内置背景设置幻灯片背景。

② 使用自定义背景设置幻灯片背景。

③ 为幻灯片设置主题。

（3）在演示文稿中使用母版为所有幻灯片统一添加LOGO图片。

① 进入"幻灯片母版"视图。

② 在母版中插入占位符。

③ 在主母版中插入LOGO图片。

3. 实验参考步骤

（1）在新建的空白演示文稿中，插入5张不同版式的幻灯片，并编辑幻灯片内容。

① 启动PowerPoint 2016，创建空白演示文稿，插入5张幻灯片，对插入的幻灯片根据需要修改其版式。

【参考步骤】

在演示文稿中选定第1张幻灯片，按Enter键5次，可以插入5张版式一样的幻灯片。

右击第1张幻灯片，在弹出的快捷菜单中选择"版式"命令，在版式列表中选择"标题幻灯片"。

选定第2～5张幻灯片，右击，在弹出的快捷菜单中选择"版式"命令，在版式列表中选择"标题和内容"版式，将这4张幻灯片的版式都设为"标题和内容"。

② 在幻灯片中分别插入图片、表格、艺术字对象，并对其进行格式化。

【参考步骤】

单击第1张幻灯片，在幻灯片编辑窗格中，分别在"标题"占位符中输入如图4.11

所示的文字内容，并对文字进行格式化。

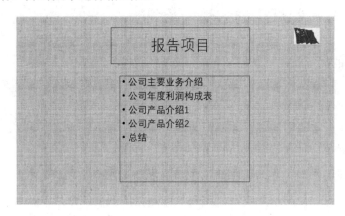

图 4.11　第 1 张幻灯片

　　单击第 2 张幻灯片，分别在"标题"和"内容"占位符中输入如图 4.12 所示的文字"公司年度收支表"和表格，具体操作如下。

　　方法 1：选中要插入表格的幻灯片，单击"插入"选项卡 | "表格"组 | "表格"按钮，在下拉列表中通过拖动鼠标指针选择行数、列数，创建表格。

　　方法 2：单击"插入"选项卡 | "表格"组 | "表格" | "插入表格"按钮，在弹出的对话框中输入行数和列数，单击"确定"按钮。

　　方法 3：单击"插入"选项卡 | "表格"组 | "表格" | "绘制表格"按钮，可在幻灯片中手工绘制表格。插入表格后，功能区中会自动显示"设计"和"布局"两个选项卡，可对表格的格式进行设置，制作出如图 4.12 所示的表格。（参考 Word 2016 中表格的编辑与格式化操作）。

公司年度收支表

	收入（万元）	支出（万元）	利润（万元）	目标达成度
第一季度	2000	1400	600	100%
第二季度	2400	1300	1100	90%
第三季度	2900	1450	1450	120%
第四季度	2500	1200	1300	87%

图 4.12　表格插入与格式化

　　单击第 3 张幻灯片，分别在"标题"和"内容"占位符中输入如图 4.13 所示的文字"公司主要产品展示"和实验素材"图片 1"和"图片 2"，具体操作如下。

　　单击要插入表格的幻灯片，单击"插入"选项卡 | "图像"组 | "图片" | "此设备"按钮，在打开的插入图片对话框中选定文件位置和名称（图片 1），单击"打开"按钮。

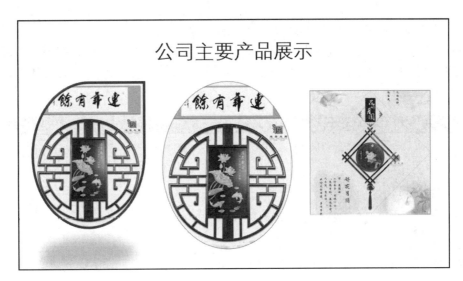

图 4.13　图片插入与格式化

单击选定图片，单击"图片格式"选项卡｜"大小"组｜"剪裁"｜"剪裁为形状"按钮，选择需要的形状；对"图片 2"进行相同的操作。

③ 在幻灯片中分别插入音频、视频对象，并对其进行格式化。

【参考步骤】

在任务窗格中，单击选定第 4 张幻灯片，在幻灯片中插入素材中的"图片 3"和录制的旁白音频，并对音频格式进行设置，具体操作如下。

单击"插入"选项卡｜"媒体"组｜"音频"｜"录制音频"按钮，在打开的"录制声音"窗口中操作，录制旁白音频。

单击幻灯片上的"小喇叭"　，单击"音频工具｜播放"选项卡｜"音频选项"组｜"开始"按钮旁的列表选项"单击时"；在"音量"列表中选择"中等"选项。

单击"音频工具｜格式"选项卡｜"图片样式"组｜"棱台形椭圆"。

选定第 5 张幻灯片，在幻灯片中插入素材中的"产品研发流程"视频，并对视频格式进行设置，具体操作如下。

单击"插入"选项卡｜"媒体"组｜"视频"｜"此设备"按钮，在打开的"插入视频文件"对话框（如图 4.14 所示）中选定文件位置和名称，单击"插入"按钮。

单击幻灯片上的视频对象，单击"视频工具｜视频格式"选项卡（如图 4.15 所示）｜"调整"组｜"海报框架"按钮，设置海报框架为图片 4。在"大小"组中，设置海报高度为 12 厘米，宽度为 21 厘米。

单击"视频工具｜播放"选项卡（如图 4.16 所示）｜"开始"旁边的列表选择"单击时"设置该视频的播放方式；在"音量"列表中选择"中等"选项。

也可以添加联机视频：添加联机视频是指添加网络中的视频资源。在 PowerPoint 2016 中，可以使用嵌入代码添加联机视频或者按名称搜索视频，在演示过程中播放视频。

单击"插入"选项卡｜"媒体"组｜"视频"｜"联机视频"选项，在"搜索

YouTube"框中，输入联机视频的地址，按 Enter 键。

单击"插入"按钮，幻灯片中出现一个视频框。先右击该视频框，在弹出的快捷菜单中选择"预览"命令，再单击视频上的"播放"按钮，可在幻灯片上预览视频，如图 4.17 所示。

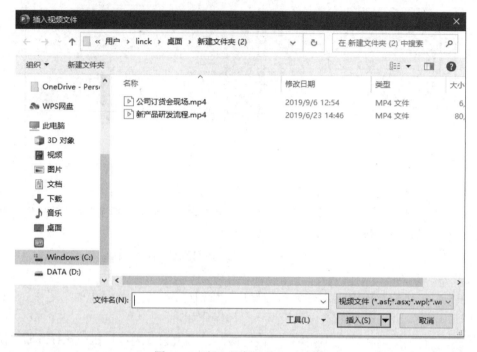

图 4.14 "插入视频文件"对话框

图 4.15 "视频工具|视频格式"选项卡

图 4.16 "视频工具|播放"选项卡

单击"视频工具|播放"选项卡|"开始"旁边的列表选择"单击时"设置该视频的播放方式，勾选"全屏播放"前面的复选框，将视频放映设置为全屏播放。

④ 在演示文稿中插入第 6 张幻灯片，版式设置为"两列内容"，两列分别用来总结今年的情况和规划明年的计划。

公司最新研制的产品2

图 4.17　插入视频对象的幻灯片

【参考步骤】　略

（2）对演示文稿中幻灯片进行不同种类的背景设计和主题设计。

① 使用内置背景设置幻灯片背景。

【参考步骤】

选定要设置背景的幻灯片 1，单击"设计"选项卡|"变体"组|"其他"按钮，在打开下拉列表中选择"背景样式"选项，在其子菜单中选择一种背景样式"样式 7"即可。

② 使用自定义背景设置幻灯片背景。

【参考步骤】

选定要设置背景的幻灯片 1，单击"设计"选项卡|"自定义"组|"设置背景格式"按钮，打开"设置背景格式"任务窗格，在"填充"区域进行相应的设置，为幻灯片设置不同的背景效果。

先选择"纯色填充"中的某种颜色，观察幻灯片背景效果。

单击"图片或纹理填充"下拉列表（如图 4.18 所示）中的"水滴"选项，可以看到幻灯片背景效果如图 4.19 所示。

图 4.18　"图片或纹理填充"下拉列表

图 4.19 "水滴"背景效果

单击"设置背景格式"任务窗格中选择"效果"选项，在艺术效果设置界面中单击"艺术效果"按钮（如图 4.20 所示），打开的下拉列表中选择所需效果选项，例如选择"水彩海绵"效果。

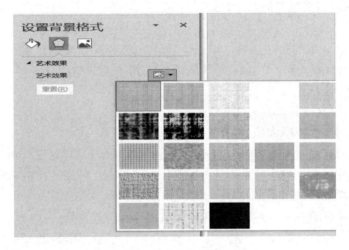

图 4.20 艺术效果设置界面

返回"填充"窗格，单击窗格下方的"应用到全部"按钮，可将设置的背景格式应用于所有幻灯片。

③ 为幻灯片设置主题。

【参考步骤】

选定要设置主题的幻灯片 3，单击"设计"选项卡｜"主题"组｜"积分"按钮，此操作是将该主题应用于所有幻灯片，右击，在快捷菜单中选择"应用于选定幻灯片"命令则可将该主题应用于选定的幻灯片 3。

（3）在演示文稿中使用母版为所有幻灯片统一添加 LOGO 图片。

① 进入"幻灯片母版"视图。

【参考步骤】

在普通视图下，单击"视图"选项卡｜"母版视图"组｜"幻灯片母版"按钮，可进入幻灯片母版界面（如图 4.21 所示），功能区中出现"幻灯片母版"选项卡。

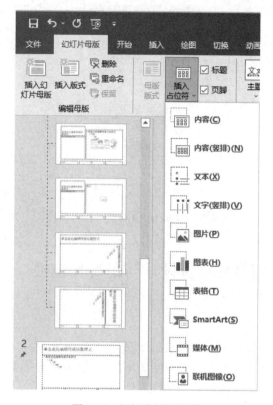

图 4.21　幻灯片母版界面

② 在母版中插入占位符。

【参考步骤】

单击"幻灯片母版"选项卡│"编辑母版"组│"插入版式"按钮，即可为当前选择的母版创建一个新的版式。单击"母版版式"组│"插入占位符"按钮，在下拉列表（如图 4.21 所示）中选择需要的占位符选项，即可插入相应类型的占位符。

③ 在主母版中插入 LOGO 图片。

【参考步骤】

在任务窗格中，单击最上面的主母版，单击"插入"选项卡│"图像"组│"图片"│"此设备"按钮，在"插入图片"对话框中选择实验素材中的"公司 LOGO"图片。

单击"公司 LOGO"图片，单击"图片格式"选项卡│"图片样式"组│"简单框架，黑色"样式选项，简单调整图片的位置和大小。

完成后，单击"幻灯片母版"选项卡│"关闭"组│"关闭母版视图"，就可以为所有幻灯片统一添加 LOGO 图片。

单击状态栏右边的"幻灯片浏览"按钮，切换视图方式为"幻灯片浏览视图"，可看到效果（如图 4.22 所示），可以看到每张幻灯片同样的位置都添加了相同的 LOGO 图片。

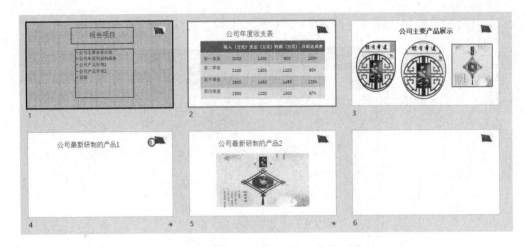

图 4.22 添加 LOGO 图片后的效果图

4.3 实验 3——幻灯片动画设计与幻灯片切换

1．实验目的

（1）掌握多种幻灯片的动画效果设置方法。

（2）掌握使用"动画刷"对多个对象设置相同的动画方法。

（3）掌握对同一对象多次设置动画的方法。

（4）掌握编辑和管理动画的方法。

（5）掌握超链接和动作按钮的设置方法。

（6）掌握幻灯片的切换效果的设置方法。

2．实验内容

（1）为幻灯片中的两个文字对象设置动画，使得幻灯片在放映时两个对象能够在演讲者的控制下先后飞入。

（2）为幻灯片中的多个对象添加、设置动画，并对初步完成的动画利用动画窗格进行次序和效果调整。

① 在第 2 张幻灯片后插入一张新幻灯片，插入艺术字、图片、公式和图形四个对象，效果如图 4.25 所示。

② 分别给这四个对象添加动画。

③ 添加动画效果后，对这些动画进行编辑。

（3）为幻灯片中的"图表"和"文字"对象设置特殊的动画效果。

① 在第 3 张幻灯片后插入一张新幻灯片，插入一个"图表"对象，效果如图 4.28 所示。

② 给"图表"对象添加动画。

③ 设置"图表"对象动画。

（4）为幻灯片添加超链接，使得在放映过程中单击超链接可以跳转到需要展示的某张幻灯片；在幻灯片中添加动作按钮，使得单击该按钮可以返回演示文稿的"目录"幻灯片。

① 为第 1 张幻灯片中的每行添加一个超链接，分别指向第 2~7 张幻灯片。

② 选中最后一张幻灯片，在"插入"选项卡下，单击"形状"在列表中选择最下面的"动作按钮"组中的一个动作按钮。设置该按钮跳回第 1 张幻灯片。

（5）给幻灯片设置"切换效果"，使得幻灯片在放映过程中，幻灯片切换时可以呈现出丰富的切换效果。

3．实验参考步骤

（1）为幻灯片中的两个文字对象设置动画，使得幻灯片在放映时两个对象能够在演讲者的控制下先后飞入。

【参考步骤】

打开实验素材"演示文稿 3"，在"幻灯片|大纲窗格"中单击第 2 张幻灯片，在"幻灯片编辑窗格"中，单击要进行动画设置的对象"标题"占位符。

单击"动画"选项卡|"动画"组|"飞入"动画选项，如图 4.23 所示，即可为当前选中对象添加此动画。

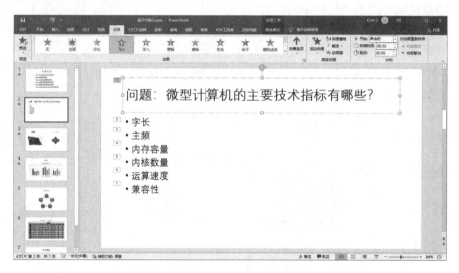

图 4.23 "动画"选项卡

如果想为同一个对象添加多个动画效果，那么可以单击"动画"选项卡|"高级动画"组|"添加动画"按钮，在弹出的下拉列表中选择需要添加的动画效果选项；重复此操作，可添加其他多个动画效果。

添加动画后，单击"动画"选项卡|"动画"组|"效果选项"下拉列表（如图 4.24 所示）中的"自左侧"和"作为一个对象"，可分别设置该动画的方向和序列。并且添加动画效果后的对象左侧都有编号，编号是根据添加动画效果的顺序自动添加的。

按照类似操作，为幻灯片的"内容"占位符设置动画为"轮子"，效果选项设置为"轮辐图案 2"。

图 4.24　"效果选项"下拉列表

单击"动画"选项卡│"计时"组│"开始"右边的下拉列表选项"单击时",设置动画的播放控制方式为"鼠标单击"。

（2）为幻灯片中的多个对象添加、设置动画,并对初步完成的动画利用动画窗格进行次序和效果调整。

① 在第 2 张幻灯片后插入一张新幻灯片,插入艺术字、图片、公式和图形四个对象,效果如图 4.25 所示。

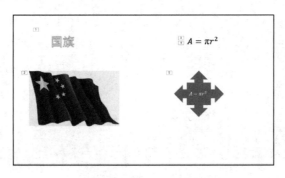

图 4.25　第 3 张幻灯片

【参考步骤】

单击"插入"选项卡│"文本"组│"艺术字",单击选项"填充:蓝色,主题色1,阴影",插入"艺术字对象",修改文字为"国旗"。

单击"插入"选项卡│"图像"组│"图片"│"此设备",插入图片。

单击"插入"选项卡│"符号"组│"公式",编辑公式如图 4.25 中所示。

单击"插入"选项卡│"插图"组│"形状",在"形状"列表中选择"十字箭头"图形,单击图形,右击菜单中选择"编辑文字",在图形内部插入文字。

② 分别给这四个对象添加动画。

【参考步骤】

单击"艺术字"对象，单击"动画"选项卡｜"动画"组｜"飞入"，单击"效果选项"｜"自左上部"，单击"动画"选项卡｜"计时"组｜"开始"｜"上一动画之后"，单击"计时"组｜"持续时间"，输入数字"0.10"。

单击"图片"对象，单击"动画"选项卡｜"动画"组｜"出现"，单击"动画"选项卡｜"计时"组｜"开始"｜"上一动画之后"，单击"计时"组｜"持续时间"，输入数字"0.75"。

单击"公式"对象，单击"动画"选项卡｜"动画"组｜"劈裂"，单击"效果选项"｜"中央向上下展开"，单击"动画"选项卡｜"计时"组｜"开始"｜"上一动画之后"，单击"计时"组｜"持续时间"，输入数字"0.50"。

单击"动画"选项卡｜"高级动画"组｜"添加动画"｜"退出"｜"飞出"，单击"效果选项"｜"到底部"，单击"动画"选项卡｜"计时"组｜"开始"｜"单击时"，单击"计时"组｜"持续时间"，输入数字"0.50"。也可以使用"动画刷"按钮复制对象的动画。

单击"形状"对象，单击"动画"选项卡｜"动画"组｜"脉冲"，单击"动画"选项卡｜"计时"组｜"开始"｜"上一动画之后"，单击"计时"组｜"持续时间"，输入数字"0.50"。

③ 添加动画效果后，对这些动画进行编辑。

【参考步骤】

动画编辑是指更改动画效果、删除动画效果、调整动画播放顺序和更改触发方式等。单击"动画"选项卡｜"高级动画"组｜"动画窗格"按钮，打开"动画窗格"对话框（如图4.26所示），可进行动画编辑操作。

图4.26 "动画窗格"对话框

在动画窗格中，单击选中编号为 5 的动画，点击上面的按钮 ⌃ 可以调整动画的次序，也可以单击右边的下拉列表对该动画进行更具体的动画设置。如果要删除该动画，则单击列表中的"删除"命令即可。

（3）为幻灯片中的"图表"和"文字"对象设置特殊的动画效果。

① 在第 3 张幻灯片后插入一张新幻灯片，插入一个"图表"对象，效果如图 4.28 所示。

【参考步骤】

单击"插入"选项卡|"插图"组|"图表"按钮，启动"插入图表"对话框，在对话框的列表中，选择"簇状柱形图"。

在 Excel 工作表中输入相关数据（如图 4.27 所示）。输入数据完成后，单击工作表窗口右上角的"关闭"按钮。

	A	B	C	D	E
1	商品名称	一季度	二季度	三季度	四季度
2	电视机	186	115	132	128
3	空调	213	243	165	186
4	电脑	150	132	180	120
5					

图 4.27　相关数据

② 给"图表"对象添加动画。

【参考步骤】

在幻灯片中，单击"图表"对象，单击"动画"选项卡|"动画"组|"飞入"。

单击第 1 张幻灯片中的"内容"占位符对象，单击"动画"选项卡|"动画"组|"飞入"。

③ 设置"图表"对象动画。

【参考步骤】

单击"图表"对象，单击"动画"选项卡|"动画"组|"效果选项"（如图 4.28 所示）|"自左上部""作为一个对象"，单击"动画"选项卡|"计时"组|"开始"|"单击时""持续时间"，输入数字"0.10"。

单击"动画"选项卡|"预览"组|"预览"按钮，观看放映效果。

单击"图表"对象，单击"动画"选项卡|"动画"组|"效果选项"|"自左上部""按类别"，单击"动画"选项卡|"计时"组|"开始"|"单击时""持续时间"，输入数字"0.10"。

单击"动画"选项卡|"预览"组|"预览"按钮，观看放映效果，比较两次预览效果的差别。

单击第 1 张幻灯片中的"内容"对象，单击"动画"选项卡|"动画"组|"效果选项"|"自左侧""按段落"，单击"动画"选项卡|"计时"组|"开始"|"单击时""持续时间"，输入数字"0.10"。

单击"动画"选项卡|"预览"组|"预览"按钮，观看动画的放映效果。

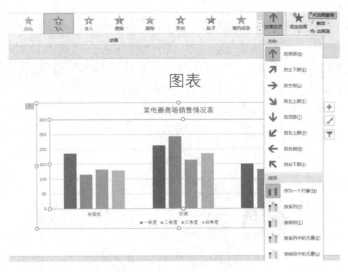

图 4.28 图表动画

（4）为幻灯片添加超链接，使得在放映过程中单击超链接可以跳转到需要展示的某张幻灯片；在幻灯片中添加动作按钮，使得单击该按钮可以返回演示文稿的"目录"幻灯片。

① 为第 1 张幻灯片中的每行添加一个超链接，分别指向第 2～7 张幻灯片。

【参考步骤】

选定第 1 张幻灯片，在幻灯片中选定目录中的第一行文字；单击"插入"选项卡｜"链接"组｜"链接"按钮，启动"插入超链接"对话框（如图 4.29 所示）。在对话框中单击"在本文档中的位置"，在"请选择文档中的位置"窗格中选择"2.问题："这张幻灯片。重复以上操作给第 1 张幻灯片中的其他行文字添加指向第 3～7 张幻灯片的超链接。

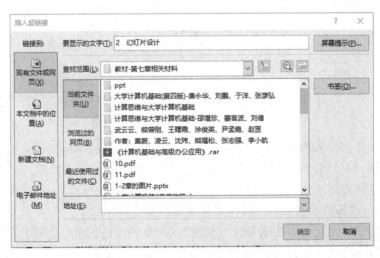

图 4.29 "插入超链接"对话框

② 选中最后一张幻灯片，在"插入"选项卡下，单击"形状"，在列表中选择最下

面的"动作按钮"组中的一个动作按钮。设置该按钮跳回第 1 张幻灯片。

【参考步骤】

插入第 7 张幻灯片,内容如图 4.30 所示。单击"插入"选项卡|"插图"组|"形状"按钮,如图 4.31 左侧所示,在"动作按钮"组中,选择第三个。在幻灯片中拖动鼠标插入形状,启动"操作设置"对话框,如图 4.31 右侧所示。

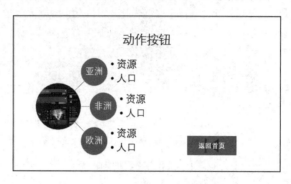

图 4.30　第 7 张幻灯片

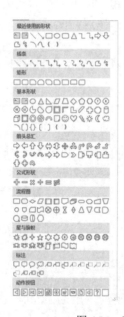

图 4.31　"形状"按钮和"操作设置"对话框

首先在"操作设置"对话框中单击"超链接到"前面的单选按钮,然后在下拉列表中选择"第一张幻灯片",单击"确定"按钮。也可以勾选"播放声音"前面的复选框,添加声音效果。

按 F5 键,从头放映该演示文稿,观看播放效果。

(5)给幻灯片设置"切换效果",使得幻灯片在放映过程中,幻灯片切换时可以呈现出丰富的切换效果。

【参考步骤】

选定第 1 张幻灯片,单击"切换"选项卡|"切换到此幻灯片"组|"分割",单击

"效果选项"｜"中央向左右展开"，设置切换效果的方向。

单击"计时"组｜"持续时间"组合框，输入"0.20"，"声音"列表中选择"打字机"，勾选"换片方式"中"单击鼠标时"前的复选框；当然也可以勾选"设置自动换片时间"前的复选框，然后在后面的组合框中设置自动换片时间。

单击"计时"组｜"应用到全部"按钮，将切换设置应用于所有的幻灯片。

单击"切换"选项卡｜"预览"组｜"预览"按钮，可以观看幻灯片切换的效果。

重复上面的步骤，选择多种不同的切换效果，预览观察不同幻灯片的切换效果。

4.4　实验4——演示文稿的放映与输出

1．实验目的

（1）掌握演示文稿的几种放映方法及放映设置。

（2）掌握演示文稿的打包方法。

（3）掌握演示文稿打印的方法。

2．实验内容

（1）对演示文稿素材，进行放映设置，对不同的设置方案，放映并查看设置对演示文稿放映的影响。

（2）将实验素材演示文稿以各种形式输出。

① 将演示文稿打包输出，然后在 Windows 中直接播放该演示文稿。

② 将演示文稿素材输出为视频文件，以视频形式播放演示文稿。

③ 将演示文稿导出为讲义。

（3）对演示文稿素材进行打印设置，并对不同打印设置预览打印效果。

3．实验参考步骤

（1）对演示文稿素材，进行放映设置，对不同的设置方案，放映并查看设置对演示文稿放映的影响。

【参考步骤】

单击"幻灯片放映"选项卡｜"设置"组｜"设置幻灯片放映"，打开"设置放映方式"对话框，如图 4.32 所示。在对话框中单击"放映类型"｜"演讲者放映（全屏幕）"前的单选按钮。

单击"放映幻灯片"｜"全部"前面的单选按钮，单击"确定"按钮。

单击"绘图笔颜色"按钮，可以设置演讲过程中使用绘图笔的颜色。也可以使用类似方法设置"激光笔颜色"。

按 F5 键，开始从头放映幻灯片。在放映过程中，右击，出现放映控制菜单（如图4.33 所示），演讲者可以使用其中的命令控制放映。

单击"幻灯片放映"选项卡｜"设置"组｜"排练计时"，弹出如图 4.34 所示的窗口，然后开始放映幻灯片。放映结束后，保存该"排练计时"。勾选"幻灯片放映"选项卡│"设置"组│"使用计时"前的复选框，按 F5 键，从头放映，观看放映效果。

图 4.32 "设置放映方式"对话框 　　　　　　　图 4.33 放映控制菜单

单击"幻灯片放映"选项卡的│"开始放映幻灯片"组│"自定义幻灯片放映"按钮，启动"自定义放映"对话框，如图 4.35 所示。

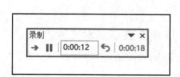

图 4.34 排练计时 　　　　　　　　　　图 4.35 "自定义放映"对话框

单击"新建"按钮，启动"定义自定义放映"对话框（如图 4.36 所示）。在"定义自定义放映"对话框左边窗格中选择 1、2、3、6 这四张幻灯片，单击"添加"按钮，将选中的幻灯片添加到右边的窗格中，使用"向上"或"向下"按钮调整幻灯片的播放次序后，单击"确定"按钮。退回"定义自定义放映"对话框，单击"放映"按钮，可以观看放映效果。

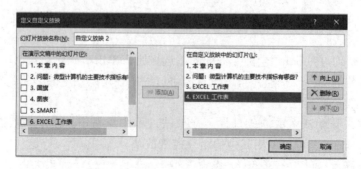

图 4.36 "定义自定义放映"对话框

（2）将实验素材演示文稿以各种形式输出。

① 将演示文稿打包输出，然后在 Windows 中直接播放该演示文稿。

【参考步骤】

单击"文件"选项卡｜"导出"组｜"将演示文稿打包成 CD"。单击"复制到文件夹"按钮，打开"复制文件夹"对话框，在对话框中设置打包文件的保存路径，然后单击"确定"按钮。

在"资源管理器"中打开打包后的演示文稿文件夹（如图 4.37 所示），双击"演示文稿3.pptx"文件，就可以在 Windows 系统下直接播放，并不需要安装 PowerPoint 2016。

图 4.37　打包后的演示文稿文件夹

② 将演示文稿素材输出为视频文件，以视频形式播放演示文稿。

【参考步骤】

单击"文件"选项卡｜"导出"组｜"创建视频"，单击"创建视频"按钮。

单击"全高清（1080p）"列表框，在打开的下拉列表中选择显示方式。

单击"不要使用录制的计时和旁白"列表框，选择是否使用录制的计时和旁白、是否录制计时和旁白、是否浏览计时和旁白。

首先单击下方的"创建视频"按钮，打开"另存为"对话框，在对话框中设置视频文件的保存路径，然后单击"保存"按钮。

转换结束后，在"资源管理器"找到创建的视频文件，双击该文件，就可以观看该视频文件了。

③ 将演示文稿导出为讲义。

【参考步骤】

PowerPoint 2016 中的"创建讲义"的功能能够将幻灯片和备注等信息转换成 Word 文档，在 Word 文档中编辑内容和设置内容格式，当演示文稿发生更改时，自动更新讲义中的内容，创建方法如下。

单击"文件"｜"导出"命令（如图 4.38 所示），在"导出"列表中单击"创建讲义"按钮。

弹出"发送到 Microsoft Word"对话框（如图 4.39 所示），首先在该对话框中选择一种使用的版式，选择"只使用大纲"版式，然后单击"确定"按钮。

系统自动生成并打开一个名为"文档 1"的 Word 文档，双击该文档查看内容。

图 4.38　创建讲义界面　　　　　　　图 4.39　"发送到 Microsoft Word"对话框

（3）对演示文稿素材进行打印设置，并对不同打印设置预览打印效果。

【参考步骤】

单击"文件"选项卡｜"打印"，设置"每页 6 张幻灯片"，在右边浏览打印效果图，如图 4.40 所示。

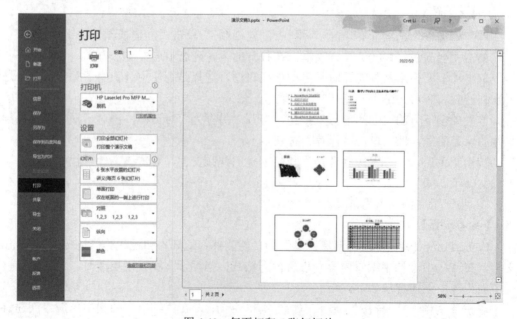

图 4.40　每页打印 6 张幻灯片

单击"文件"选项卡|"打印"，设置打印幻灯片方向为"纵向"，在右边浏览打印效果图。

拖动右下角的"显示比例"进度条滑块，可以放大或缩小幻灯片的预览效果。

单击预览页中的"下一页"按钮，可以预览每页的打印效果。

单击"编辑页眉和页脚"超链接按钮，可以打开"页眉和页脚"对话框，在其中可以设置幻灯片的日期和时间、幻灯片的编号、页脚等内容。

习题

一、选择题

1．PowerPoint 2016 的主要功能是制作和编辑（　　）。

    A．文档　　　　　　B．电子表格　　　　　C．演示文稿　　　　　D．视频

2．在 PowerPoint 2016 中应用"主题"设置幻灯片时，在（　　）选项卡中选择需要的主题。

    A．开始　　　　　　B．插入　　　　　　　C．动画　　　　　　　D．设计

3．在下列 PowerPoint 2016 的各种视图中，能直接进行幻灯片内容编辑、修改的视图是（　　）。

    A．普通视图　　　B．幻灯片放映视图　　C．幻灯片浏览视图　　D．阅读视图

4．演示文稿中的每张演示的单页称为（　　），它是演示文稿的核心。

    A．版式　　　　　　B．母版　　　　　　　C．幻灯片　　　　　　D．模板

5．在 PowerPoint 2016 窗口的功能区中，下列操作中不属于"开始"选项卡命令的是（　　）。

    A．打开　　　　　　B．粘贴　　　　　　　C．复制　　　　　　　D．剪切

6．在 PowerPoint 2016 放映演示文稿时，要切换到下一张幻灯片，不正确的操作是（　　）。

    A．按 Tab 键　　　　　　　　　　　　　　B．按→键

    C．按空格键　　　　　　　　　　　　　　D．单击鼠标左键

7．在 PowerPoint 2016 中，要在演示文稿的每张幻灯片上添加一张 LOGO 图片，应进入（　　）。

    A．备注页视图　　　　　　　　　　　　　B．幻灯片浏览视图

    C．幻灯片母版视图　　　　　　　　　　　D．大纲视图

8．如果要将幻灯片的方向改变为纵向，可通过（　　）命令来实现。

    A．"设计"|"幻灯片大小"　　　　　　　　B．"文件"|"打印"

    C．"开始"|"版式"　　　　　　　　　　　　D．"设计"|"主题"

9．在 PowerPoint 2016 普通视图中，若将第 5 张幻灯片的标题设置为播放时单击跳转到第 15 张幻灯片，应对该标题进行的设置是（　　）。

    A．自定义动画　　　　　　　　　　　　　B．放映方式

C．幻灯片切换　　　　　　　　　　D．超链接

10．在 PowerPoint 2016 中，若要使幻灯片按规定的时间，实现自动播放，应进行（　　）。

A．设置放映方式　　　　　　　　B．打包操作

C．排练计时　　　　　　　　　　D．幻灯片切换

二、应用练习

1．假如你要到某公司应聘工作，试制作一个个人求职使用的演示文稿，介绍自己的学习成绩、实践活动、科研成果、基本情况等相关信息。

2．试着完成一个介绍你的家乡或母校的宣传演示文稿，综合使用演示文稿软件的各种技术，尽量做到图文并茂。

3．试着使用演示文稿的动画技术，制作出简单的 MV（在一张幻灯片上插入多张图片，同时插入一首音乐音频）。

4．将自己某次旅游或者活动的照片，使用演示文稿软件的"相册"功能制作出有文字说明和背景音乐的电子相册文件。

第5章 算法与程序设计

5.1 实验1——配置 Python 开发环境

1．实验目的

（1）掌握 Python 解释器的下载和安装。
（2）掌握 Python 程序的调试和运行方法。

2．实验内容

（1）Python 解释器的下载和安装
（2）Python 程序交互式启动和运行方法。
（3）Python 程序文件式启动和运行方法。

3．实验参考步骤

（1）Python 解释器的下载和安装。

【参考步骤】

Python 解释器是一个轻量级的小尺寸软件，可以在 Python 官方网站中下载最新的稳定版本。打开网页，进入如图 5.1 所示的 Python 下载页面。首先根据所用操作系统版本选择相应的 Python 安装程序。单击图 5.1 中①对应矩形框按钮可下载最新的 Python 稳定版本，其他版本或其他操作系统请选择②对应矩形框内的相应链接。以 Windows 操作系统为例，Python 安装包如图 5.2 所示，单击合适的版本进行下载。其中，Windows installer(32-bit)是 32 位 Windows 操作系统下的 Python 安装文件，Windows installer(64-bit)是 64 位 Windows 操作系统下的 Python 安装文件。

图 5.1 Python 下载页面

操作系统向下兼容其他程序，即Windows installer(64-bit)不能安装在 32 位 Windows 操作系统下。

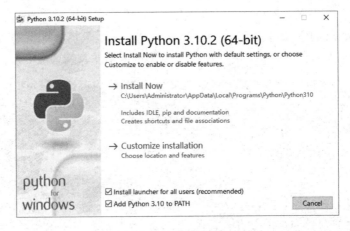

Python Releases for Windows

- Latest Python 3 Release - Python 3.10.2
- Latest Python 2 Release - Python 2.7.18

Stable Releases

- Python 3.9.10 - Jan. 14, 2022
  Note that Python 3.9.10 *cannot* be used on Windows 7 or earlier.

  - Download Windows embeddable package (32-bit)
  - Download Windows embeddable package (64-bit)
  - Download Windows help file
  - Download Windows installer (32-bit)
  - Download Windows installer (64-bit)
- Python 3.10.2 - Jan. 14, 2022
  Note that Python 3.10.2 *cannot* be used on Windows 7 or earlier.

  - Download Windows embeddable package (32-bit)
  - Download Windows embeddable package (64-bit)
  - Download Windows help file
  - Download Windows installer (32-bit)
  - Download Windows installer (64-bit)
- Python 3.10.1 - Dec. 6, 2021
  Note that Python 3.10.1 *cannot* be used on Windows 7 or earlier.

  - Download Windows embeddable package (32-bit)
  - Download Windows embeddable package (64-bit)
  - Download Windows help file
  - Download Windows installer (32-bit)

Pre-releases

- Python 3.11.0a5 - Feb. 3, 2022
  - Download Windows embeddable package (32-bit)
  - Download Windows embeddable package (64-bit)
  - Download Windows help file
  - Download Windows installer (32-bit)
  - Download Windows installer (64-bit)
  - Download Windows installer (ARM64)
- Python 3.11.0a4 - Jan. 14, 2022
  - Download Windows embeddable package (32-bit)
  - Download Windows embeddable package (64-bit)
  - Download Windows help file
  - Download Windows installer (32-bit)
  - Download Windows installer (64-bit)
- Python 3.11.0a3 - Dec. 8, 2021
  - Download Windows embeddable package (32-bit)
  - Download Windows embeddable package (64-bit)
  - Download Windows help file
  - Download Windows installer (32-bit)
  - Download Windows installer (64-bit)
- Python 3.11.0a2 - Nov. 5, 2021
  - Download Windows embeddable package (32-bit)
  - Download Windows embeddable package (64-bit)

图 5.2　Windows 操作系统下的 Python 安装包

Python 解释器安装过程与其他的 Windows 版本软件基本一样，双击所下载的"python-3.10.2-amd64.exe"文件，开始安装 Python 解释器，出现 Python 安装程序启动页面，如图 5.3 所示。建议先勾选"Add Python 3.10 to PATH"复选框，然后单击"Install Now"选项，进入安装过程。"Customize installation"选项表示用户自行选择安装内容和安装路径。安装结束后，进入如图 5.4 所示的 Python 安装成功页面。

图 5.3　Python 安装程序启动页面

图 5.4　Python 安装成功页面

安装完成后，Windows 开始菜单中会出现 Python 3.10 所包含的 4 个组件，其中最重要的两个是 Python 命令行（Python 3.10 (64-bit)）和 Python 集成开发环境（IDLE(Python 3.10 64-bit)）。Python 3.10 所包含的组件如图 5.5 所示。

以上是在 64 位 Windows 10 下的安装过程，其他版本的 Windows 操作系统可参考此过程进行。Mac OS

图 5.5　Python 3.10 所包含的组件

等操作系统可以通过安装文件的方法安装，也可以通过命令的方式进行安装，具体方法可上网查找相关教程。Python 3. ×不能直接在 Windows XP 及以下版本上安装，若操作系统是 Windows XP 及以下版本，则可通过安装虚拟机来安装 Python 3. ×。

（2）Python 程序交互式启动和运行方法。

【参考步骤】

交互式有两种启动和运行方法。

第一种方法是以命令行启动。首先同时按下 Win+R 组合键，在打开的"运行"窗口中输入"cmd"，其次按 Enter 键，即可启动 Windows 操作系统命令行工具，在命令提示符"＞"后输入"Python"并按 Enter 键，进入 Python 环境，最后就可以开始交互式编程了。在提示符"＞＞＞"后输入 Python 语句并按 Enter 键，解释器就会执行该语句，输出相应的结果，如图 5.6 所示。

也可以从开始菜单中选择 Python 3.10|Python 3.10 (64-bit)选项，进入命令行方式，如图 5.7 所示。

在"＞＞＞"提示符后输入 exit()或者 quit()可以退出 Python 运行环境。

第二种方法是通过调用安装的 IDLE 来启动 Python Shell 窗口。从开始菜单中选择 "Python 3.10| IDLE (Python 3.10 64-bit)"选项，启动 IDLE，打开 Python Shell 窗口，如图 5.8 所示。

在提示符"＞＞＞"后输入 Python 语句，每输入一条语句并按 Enter 键后，解释器就会执行该语句，输出相应的结果，如图 5.9 所示。

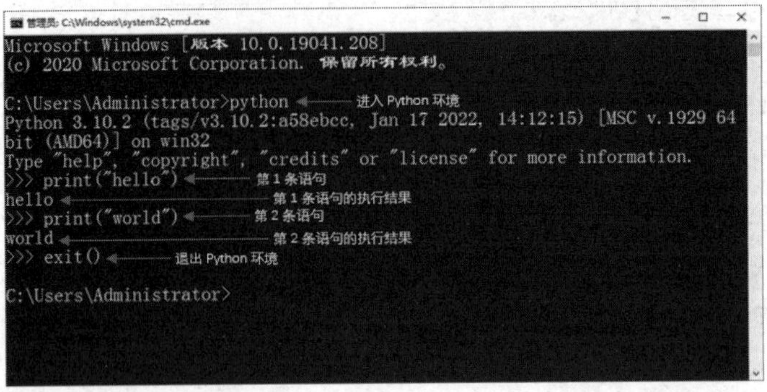

图 5.6　通过命令行启动交互式 Python 运行环境

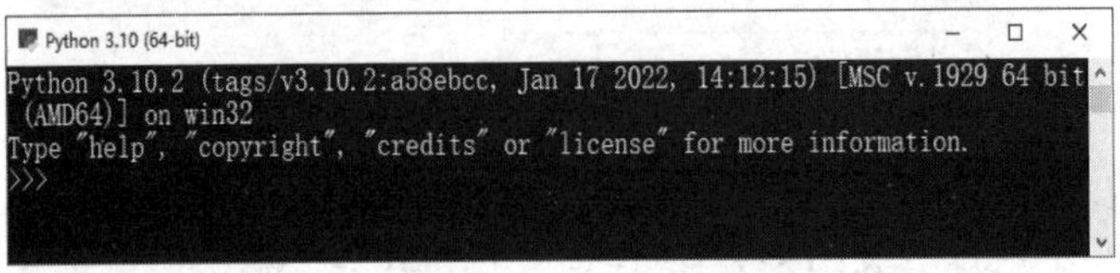

图 5.7　Python 3.10 (64-bit)进入命令行

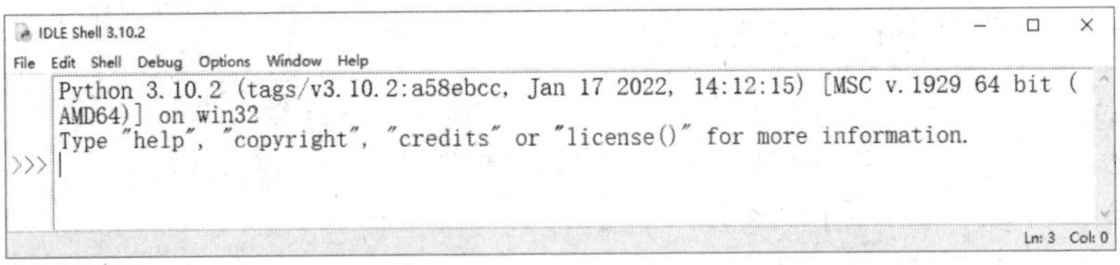

图 5.8　通过 IDLE (Python 3.10 64-bit)启动 Python Shell 窗口

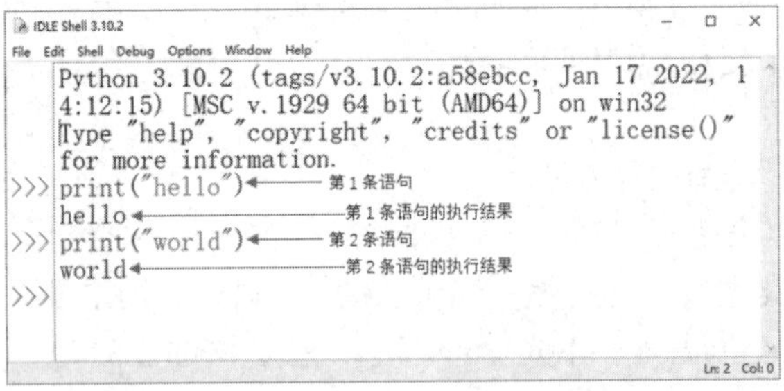

图 5.9　通过 IDLE 交互式运行 Python 语句

上述两种 Python 交互式方法，区别在于第一种命令行方式是 DOS 控制台模式，不支持鼠标操作，第二种 Python Shell 是窗口模式，既支持鼠标操作，也支持剪贴板操作。例如在交互模式中，要想重复执行前面已执行过的命令，或想修改前面已执行过的命令从而得到新的命令，在命令行方式中使用箭头键"↑"，上翻到所需命令。Python Shell 中可以用复制粘贴的方法，也可以先在已完成的命令行任意位置单击，然后按 Enter 键，该行文本会自动复制到当前等待输入的命令行提示符的后面，可以进行修改后或直接按 Enter 键再次执行。

（3）Python 程序文件式启动和运行方法。

【参考步骤】

与交互式相对应，Python 程序文件式也有两种运行方法。

第一种方法是用文本编辑器（如记事本 Notepad）按照 Python 语法格式编写代码，并保存为".py"形式的文件，如图 5.10 所示。打开 Windows 命令行窗口（cmd.exe），按实际路径输入 py 文件即可运行，如图 5.11 所示。

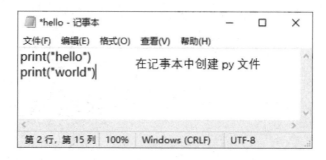

图 5.10　在记事本中创建 py 文件

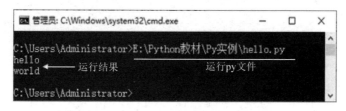

图 5.11　以命令行方式运行 py 文件

第二种方法是打开 IDLE，在如图 5.8 所示的窗口中，选择菜单"File|New File"选项打开一个新窗口，如图 5.12 所示。这个新窗口不是交互模式，它是一个 Python 语法高亮辅助的编辑器，可以进行代码编辑。首先在窗口中输入代码，然后选择菜单"File|Save"选项，保存文件为 hello.py 文件。选择菜单"Run|Run Module"选项运行该文件。

图 5.12　以 IDLE 方式创建 Python 程序文件

Python IDLE 窗口有两种形式，一种形式是如图 5.8 所示的"Shell Window"，另一种形式是如图 5.12 所示的"Edit Window"。在"Shell Window"下，选择菜单"File|New File"选项可打开"Edit Window"；在"Edit Window"下，选择菜单"Run|Python Shell"选项可打开"Shell Window"。Python IDLE 默认的打开窗口，可以选择菜单"Options|Configure IDLE"选项打开如图 5.13 所示的窗口进行设置。

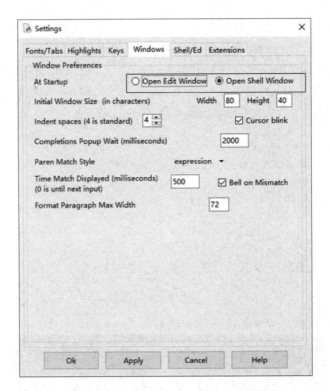

图 5.13 "Configure IDLE"设置窗口

5.2 实验 2——Python 程序简单应用

1. 实验目的

（1）掌握 Python 程序设计的方法和步骤。

（2）掌握程序设计解决问题的一般方法。

（3）掌握 Python 的基本语法。

（4）了解 Python 标准库的导入和使用。

（5）掌握 range 函数的使用。

（6）掌握程序的基本结构。

2. 实验内容

（1）努力的力量。每天进步 0.001，坚持一年会收获什么？每天退步 0.001，一年后又会是什么样的结果？

图 5.14 红色五角星

（2）绘制五角星。绘制一个如图 5.14 所示的红色五角星。

（3）计算 BMI 指数。编写程序根据体重和身高计算 BMI 指数，并根据 BMI 指数给出所属类别。

3．实验参考步骤

（1）努力的力量。每天进步 0.001，坚持一年会收获什么？每天退步 0.001，一年后又会是什么样的结果？

【参考步骤】

分析：假设一年有 365 天，以第 1 天的能量值为基数，记为 1.0。根据题目，每天进步 0.001，1 年后的能量值是 $(1+0.001)^{365}$；每天退步 0.001，1 年后的能量值是 $(1-0.001)^{365}$。用内置函数 power 实现幂的计算，用 round 函数实现浮点数的四舍五入。

程序代码如下：

```
#努力的力量
powerup=pow(1.0+0.001,365)
powerdown=pow(1.0-0.001,365)
print("每天进步 0.001，一年后的结果是",round(powerup,2))
print("每天退步 0.001，一年后的结果是",round(powerdown,2))
```

程序运行结果如下：

```
每天进步 0.001，一年后的结果是 1.44
每天退步 0.001，一年后的结果是 0.69
```

若将 0.001 变为 0.01，程序运行结果又是什么呢？每天进步 0.01，一年后的结果是 37.78；每天退步 0.01，一年后的结果是 0.03。日积月累的力量是巨大的，我们的先贤老子有云："合抱之木，生于毫末；九层之台，起于累土；千里之行，始于足下"。

（2）绘制五角星。绘制一个如图 5.14 所示的红色五角图形。

【参考步骤】

分析：turtle 库是 Python 标准库之一，是 Python 中一个很流行的入门级的绘制图像的函数库。turtle 库绘图原理：想象一个海龟，在一个横轴为 x、纵轴为 y 的坐标系中，从原点(0,0)位置开始爬行，它根据一组函数指令的控制，在这个平面坐标系中移动，从而在它爬行的路径上绘制出了图形。海龟由函数控制，可以变换颜色、改变方向等。

turtle 库中常用函数如表 5.1 所示。

表 5.1 turtle 库中常用函数

函　　　数	说　　　明
turtle.pensize(wid)	设置画笔的宽度
turtle.pencolor(colorstring)	设置画笔的颜色
turtle.fillcolor(colorstring)	绘制图形的填充颜色
turtle.color(color1,color2)	设置画笔的颜色为 color1，填充颜色为 color2
turtle.speed(speed)	设置画笔移动速度，值为 0~10
turtle.forward(distance)	向当前画笔方向移动 distance 像素长度
turtle.backward(distance)	向当前画笔相反方向移动 distance 像素长度
turtle.right(angle)	顺时针移动 angle 角度
turtle.left(angle)	逆时针移动 angle 角度

函　　数	说　　明
turtle.goto(x,y)	将画笔移动到坐标为(x,y)的位置
turtle.penup()	提起笔移动，不绘制图形，用于另起一处绘制
turtle.pendown()	移动时绘制图形
turtle.circle(radius,extent)	画圆，半径为正（负），表示圆心在画笔的左边（右边）画圆
turtle.begin_fill()	准备开始填充图形
turtle.end_fill()	填充完成
turtle.hideturtle()	隐藏画笔的 turtle 形状
turtle.showturtle()	显示画笔的 turtle 形状
turtle.clear()	清空 turtle 窗口，但是 turtle 的位置和状态不会改变
turtle.reset()	清空窗口，重置 turtle 状态为起始状态
turtle.undo()	撤销上一个 turtle 动作

　　五角星有 5 条等长的线，画完每条线均要右转 144°，所以需要一个循环次数是 5 次的循环，循环体是海龟前进和右转。用 range()函数控制循环次数，range(5)函数返回一个包含 5 个数的列表[0,1,2,3,4]。

　　程序代码如下：

```
#绘制红色五角星
import turtle
turtle.pensize(5)
turtle.pencolor("red")
turtle.fillcolor("red")
turtle.begin_fill()
for i in range(5):
    turtle.forward(200)
    turtle.right(144)
turtle.end_fill()
```

　　（3）计算 BMI 指数。编写程序根据体重和身高计算 BMI 指数，并根据 BMI 指数给出所属类别。

　　【参考步骤】

　　分析：BMI（Body Mass Index）指数是身体质量指数，简称体质指数，是国际上常用的衡量人体胖瘦程度以及是否健康的一个标准。BMI 指数中国标准如表 5.2 所示。

　　BMI 指数计算公式为：BMI 指数=体重÷身高^2（体重单位为千克；身高单位为米）。

　　该程序的输入数据为身高和体重；程序处理的数据是计算 BMI 指数，并根据 BMI 指数范围找到对应类别；程序输出的数据是 BMI 指数及分类。需要使用多分支结构对 BMI 指数按照不同区间范围进行分类。

　　input 函数输入的数据为字符串类型，身高和体重要进行算术运算，可以通过 float 函数转换成浮点数类型。

表 5.2　BMI 指数中国标准

分类	BMI 指数范围
偏瘦	≤18.4
正常	18.5～23.9
过重	24.0～27.9
肥胖	≥28.0

程序代码如下：

```
#计算 BMI 指标数
height=float (input("请输入身高（米）: "))
weight=float(input("请输入体重（公斤）: "))
bmi=weight/pow(height,2)
print("BMI 指数为: ",round(bmi,2))
if bmi<18.5:
    bmilb="偏瘦"
elif bmi<24:
    bmilb="正常"
elif bmi<28:
    bmilb="偏胖"
else:
    bmilb="肥胖"
print("BMI 指数类别为: ",bmilb)
```

程序运行结果如下：

```
请输入身高（米）: 1.65
请输入体重（公斤）: 55
BMI 指数为:  20.2
BMI 指数类别为：正常
```

5.3 实验 3——Python 程序综合应用

1. 实验目的

（1）掌握分支结构，并能利用它解决实际问题。

（2）掌握 for 循环结构，并能利用它解决实际问题。

（3）掌握 while 循环结构，并能利用它解决实际问题。

（4）掌握 break、continue 语句的使用，并能优化一些实际问题的解决方案。

（5）掌握 random 库的使用，并能利用它解决实际问题。

（6）了解多重循环的使用。

（7）了解列表数据类型的使用。

2. 实验内容

（1）猜数游戏。计算机随机生成一个 1～100 之间的整数，让用户来猜，猜错时，会提示猜的数字是大了还是小了，直到用户猜对为止，显示"预测 N 次，您猜对了!"，其中 N 是用户输入数字的次数。

（2）一条长长的阶梯，若每步跨两阶，最后剩一阶；若每步跨三阶，最后剩两阶；若每步跨五阶，最后剩四阶；若每步跨六阶，最后剩五阶；若每步跨七阶，刚好上完。编写程序，计算这条阶梯至少有多少阶。

（3）求某个日期是该年的第几天。

（4）打印如图 5.15 所示的九九乘法表。

```
1×1=1
2×1=2  2×2=4
3×1=3  3×2=6  3×3=9
4×1=4  4×2=8  4×3=12  4×4=16
5×1=5  5×2=10  5×3=15  5×4=20  5×5=25
6×1=6  6×2=12  6×3=18  6×4=24  6×5=30  6×6=36
7×1=7  7×2=14  7×3=21  7×4=28  7×5=35  7×6=42  7×7=49
8×1=8  8×2=16  8×3=24  8×4=32  8×5=40  8×6=48  8×7=56  8×8=64
9×1=9  9×2=18  9×3=27  9×4=36  9×5=45  9×6=54  9×7=63  9×8=72  9×9=81
```

图 5.15 九九乘法表

3. 实验参考步骤

（1）猜数游戏。计算机随机生成一个 1～100 之间的整数，让用户来猜，猜错时，会提示猜的数字是大了还是小了，直到用户猜对为止，显示"预测 N 次，您猜对了!"，其中 N 是用户输入数字的次数。

【参考步骤】

分析：猜数就是将系统产生的随机数与用户输入的数字进行比较，比较结果有三种情况：大于、等于、小于，涉及的结构是分支结构。由于要持续猜，因此要用循环结构，但循环的次数不确定，故用 while 循环。若猜中，则使用 break 语句结束循环。

随机数在计算机应用中十分常见，Python 通过内置的 random 库生成随机数。函数 random()生成一个[0.0,1.0]之间的随机小数，函数 randint(a,b)生成一个[a,b]之间的整数。

程序代码如下：

```python
#猜数游戏
import random
number=random.randint(1,100)
n=0
while True:
    guess=int(input("请猜一个数（1～100 之间）:"))
    n=n+1
    if guess==number:
        print("恭喜您，猜对了! 一共猜了",n,"次")
        break
    elif guess<number:
        print("对不起，数字太小")
    else:
        print("对不起，数字太大")
```

程序运行结果如下：

```
请猜一个数（1～100 之间）:50
对不起，数字太小
请猜一个数（1～100 之间）:75
对不起，数字太小
请猜一个数（1～100 之间）:90
对不起，数字太大
请猜一个数（1～100 之间）:85
对不起，数字太大
请猜一个数（1～100 之间）:80
```

对不起，数字太大
请猜一个数（1～100 之间）:78
对不起，数字太大
请猜一个数（1～100 之间）:77
对不起，数字太大
请猜一个数（1～100 之间）:76
恭喜您，猜对了！一共猜了 8 次

你运行程序的结果是否也是这样？为什么每次运行程序结果不一样？如果想每次运行程序产生的随机数相同，那么应该怎么做？

（2）一条长长的阶梯，若每步跨两阶，最后剩一阶；若每步跨三阶，最后剩两阶；若每步跨五阶，最后剩四阶；若每步跨六阶，最后剩五阶；若每步跨七阶，刚好上完。编写程序，计算这条阶梯至少有多少阶。

【参考步骤】

假设这条阶梯有 X 阶，根据题目的描述，阶梯数应满足下列 5 个条件：

(X mod 2)=1　　①
(X mod 3)=2　　②
(X mod 5)=4　　③
(X mod 6)=5　　④
(X mod 7)=0　　⑤

求解 X，需要用穷举算法，即 X 从 1 开始取值，一一测试是否同时满足上述 5 个条件。但由①知 X 为奇数，由⑤知 X 为 7 的倍数，因此，我们可以设定 X 从 7 开始取值，每一次取值增加 14 即可。即循环变量初值由 7 开始，每次增加 14。循环体中判断 X 是否同时满足条件②、③、④，如果满足，则找到了满足条件的 X。

程序代码如下：

```
X=7
while True:
    if X%3==2 and X%5==4 and X%6==5:
        print("这条阶梯至少有:"+str(X)+"阶")
        break
    else:
        X=X+14
```

程序运行结果如下：

这条阶梯至少有:119 阶

（3）求某个日期是该年的第几天。

【参考步骤】

分析：以 4 月 8 日为例，应该先把前三个月的天数加起来，然后再加上 8 即得出是本年的第几天。需要注意的是闰年的 2 月是 29 天，非闰年的 2 月是 28 天，所以要对年份进行是否为闰年的判断。

闰年分为普通闰年和世纪闰年，其判断方法为：公历年份是 4 的倍数，且不是 100 的倍数，为普通闰年；公历年份是整百数，且必须是 400 的倍数才是世纪闰年。即年份满足下列条件之一则为闰年：①能被 4 整除且不能被 100 整除（如 2004 年是闰年，而

1900 年不是）；②能被 400 整除（如 2000 年是闰年）。

使用分支结构实现闰年的判断，因为该题目涉及天数的累加，所以会使用循环结构，又因为不同的月累加的天数不同，所以为了减少程序的复杂度，采用了列表 List 数据结构。

程序代码如下：

```
#求某个日期是该年的第几天
year=int(input("请输入年份（阿拉伯数字）:"))
month=int(input("请输入月份（阿拉伯数字）:"))
day=input("请输入几号（阿拉伯数字）:")
days_sum=int(day)
days_list1=[0,31,29,31,30,31,30,31,31,30,31,30]
days_list2=[0,31,28,31,30,31,30,31,31,30,31,30]
if (year%4==0 and year%100!=0) or year%400==0:
    for i in range(month):
        days_sum=days_sum+days_list1[i]
else:
    for i in range(month):
        days_sum=days_sum+days_list2[i]
print("该年的",days_sum,"天")
```

程序运行结果如下：

```
请输入年份（阿拉伯数字）:2022
请输入月份（阿拉伯数字）:12
请输入几号（阿拉伯数字）:31
该年的 365 天
```

闰年情况，程序运行结果如下：

```
请输入年份（阿拉伯数字）:2000
请输入月份（阿拉伯数字）:12
请输入几号（阿拉伯数字）:31
该年的 366 天
```

（4）打印如图 5.15 所示的九九乘法表。

【参考步骤】

分析：九九乘法表每行的每个算式中的第一个乘数是当前行的行号 row，第二个乘数 column 的值是从 1 到当前行的行号。乘数 row 的值从 1 到 9，每行算式的乘数 column 都是从 1 到 row。需要用双重循环，外循环变量 row 控制行数即算式的第 1 个乘数，初值是 1，终值是 9；内循环变量 column 控制每行的列数即第 2 个乘数，初值是 1，终值是 row。 内外循环的次数均固定，最好用 for 循环。内循环的循环体是用 print 语句输出两个数相乘的积。为了使输出紧凑美观，则使用 format 方法。

程序代码如下：

```
#打印九九乘法表
for row in range(1,10):
    for column in range(1,row+1):
        print("{}×{}={}\t".format(row,column,row*column),end="")
    print("")
```

习题

一、选择题

1．以下选项中，不是 Python IDE 的是（　　　）。

    A．PyCharm　　　　　B．Spyder　　　　　C．R studio　　　　D．Jupyter Notebook

2．以下选项中不是 Python 打开方式的是（　　　）。

    A．Office　　　　　　　　　　　　　　B．Windows 系统的命令行工具

    C．带图形界面的 Python Shell-IDLE　　D．命令行版本的 Python Shell-Python 3.x

3．关于 Python 的注释，以下选项中描述错误的是（　　　）。

    A．Python 有两种注释方式：单行注释和多行注释

    B．Python 的单行注释以#开头

    C．Python 的单行注释以单引号'开头

    D．Python 的多行注释以'''（三个单引号）开头和结尾

4．关于 Python 的特点，以下选项中描述错误的是（　　　）。

    A．Python 是脚本语言　　　　　B．Python 是非开源语言

    C．Python 是跨平台语言　　　　　D．Python 是多模型语言

5．下面选项错误的是（　　　）。

    A．Python 是面向对象的语言，程序中任何内容统称为对象，包括数字、字符串、函数等

    B．Python 可以在同一行中使用多条语句，语句之间使用分号分割

    C．Python 通常是使用一行写完一条语句，但如果语句很长，也可以使用反斜杠\来实现多行语句

    D．Python 最具特色的就是使用缩进来表示代码块，缩进的空格数固定

6．Python 用 import 或者 from…import 来导入相应的模块。模块名为 module_name，函数名为 func1。下面选项错误的是（　　　）。

    A．从某个模块中导入多个函数，格式为：from module_name import func1, func2, func3…

    B．将整个模块导入，格式为：import module_name

    C．从某个模块中导入某个函数，格式为：from func1 import module_name

    D．将某个模块中的全部函数导入，格式为：from module_name import *

7．表达式 3+4*5/6%4 的结果是（　　　）。

    A．3　　　　　　　B．5　　　　　　　C．4　　　　　　　D．6

8．以下选项中变量定义不合法的是（　　　）。

    A．人生苦短　　　　　　　　　　B．_is_it_a_question

    C．35Python　　　　　　　　　　D．Python_is_good

9．关于 Python 整数类型的说明，描述错误的是（　　　）。

    A．整数类型有 4 种进制表示：十进制、二进制（0b）、八进制（0o）、十六进

制（0x）

    B．不同进制的整数之间可直接运算

    C．整数类型与数学中整数的概念一致

    D．x=0x3f2/1010x 的赋值结果有错

10．关于 Python 数字类型，以下选项中描述错误的是（　　）。

    A．Python 提供 int、float、complex 等数字类型

    B．Python 整数类型提供了 4 种进制表示：十进制、二进制、八进制和十六进制

    C．Python 要求所有浮点数必须带有小数部分

    D．在 Python 中，复数类型中实数部分和虚数部分的数值都是浮点类型，复数的虚数部分通过后缀 "C" 或者 "c" 来表示

11．以下不是 Python 保留字的选项是（　　）。

    A．try   B．from   C．max   D．pass

12．Python 通过（　　）来判断操作是否在分支结构中。

    A．花括号   B．括号   C．冒号   D．缩进

13．在 Python 中实现多路分支的最佳结构是（　　）。

    A．if-elif-else   B．if-else   C．if   D．try

14．关于 Python 的分支结构，以下选项中描述错误的是（　　）。

    A．分支结构可以向已经执行过的语句部分跳转

    B．分支结构使用 if 保留字

    C．Python 中 if-else 语句用来形成二分支结构

    D．Python 中 if-elif-else 语句用来描述多分支结构

15．关于 Python 循环结构，以下选项中描述错误的是（　　）。

    A．Python 通过 for、while 等保留字提供遍历循环和无限循环结构

    B．遍历循环中的遍历结构可以是字符串、文件、组合数据类型和 range( ) 函数等

    C．break 用来跳出最内层 for 或者 while 循环，脱离该循环后程序从循环代码后继续执行

    D．每个 continue 语句有能力跳出当前层次的循环

16．下面选项，描述错误的是（　　）。

    A．continue 用在 while 和 for 循环中，首先 continue 用来告诉 Python 跳过当前循环的剩余语句，然后继续进行下一轮循环

    B．break 跳出本次循环，而 continue 跳出整个循环

    C．pass 是空语句，是为了保持程序结构的完整性。pass 不做任何事情，一般只作为占位语句

    D．break 可用在 while 和 for 循环中，循环条件没有 False 条件或者序列还没被完全递归完，也会停止执行循环语句

17．关于 Python 的无限循环，以下选项中描述错误的是（　　）。

    A．无限循环也可以称为条件循环

    B．可以通过 while 构建无限循环

C．无限循环需要提前确定循环次数

D．无限循环一直保持循环操作，直到循环条件不满足才结束

18．关于函数的描述，错误的选项是（   ）。

A．return[表达式]，结束函数，返回表达式值给调用方

B．return 可以返回多个值

C．定义参数时，带默认值的参数不一定在无默认值参数的后面

D．函数代码块以 def 关键词开头，后接函数标识符名称和圆括号

19．关于函数的参数传递，描述错误的是（   ）。

A．调用函数时，默认采用按照位置顺序的方式传递给函数

B．定义函数时，可选参数可以放在非可选参数前面

C．调用函数时，也支持按照参数名称方式传递参数，不需要保持参数传递的顺序，参数之间的顺序可以任意调整，只需要对每个必要参数赋予实际值即可

D．函数的参数在定义时可以指定默认值，当函数被调用时，如果没有传入对应的参数值，则使用函数定义时的默认值来代替

20．关于列表的描述，错误的选项是（   ）。

A．列表是元素的集合，存储在一个变量中

B．列表是映射类型

C．列表中的元素通过位置来标识，从零开始

D．列表中存储的元素类型没有限制

二、应用练习

1．输入 10 个数，求最大数算法流程图如图 5.16 所示，根据该算法流程图编写 Python 程序。

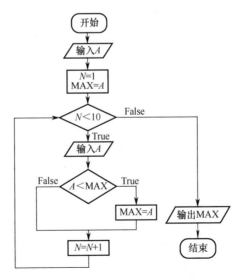

图 5.16　求最大数算法流程图

2．输入任意两个整数 A 和 B，根据下述算法编写 Python 程序，求 A 和 B 的最大公约数。

步骤 1：从键盘输入两个数分别赋值给 A 和 B；

步骤 2：比较 A 和 B 的大小，将较大的数设为 A，较小的数设为 B；

步骤 3：将 A 除以 B，得到余数 C；

步骤 4：如果 C 为 0，则最大公约数就是 B；否则将 B 赋值给 A，C 赋值给 B，重复进行步骤 3 和步骤 4；

步骤 5：输出最大公约数 B。

3．编写程序，利用 turtle 库中的函数绘制如图 5.17 所示的太阳花。

图 5.17　太阳花

4．编写程序，解决猴子吃桃子问题。猴子第一天摘下若干桃子，当即吃了一半，还不过瘾，又多吃了一个；第二天早上猴子又将剩下的桃子吃掉一半，又多吃了一个。以后猴子每天早上都吃了前一天剩下的一半多一个。到第五天早上猴子想再吃时，见只剩下一个桃子了。猴子第一天共摘了多少个桃子？

第6章　计算机网络与 Internet

6.1　实验 1——组建局域网和接入 Internet

1．实验目的

（1）了解组建局域网所需的网络硬件。

（2）熟练掌握在局域网中配置网络连接的方法。

（3）熟练掌握局域网内共享文件和文件夹、共享打印机的方法。

（4）了解常用网络命令的使用方法。

（5）了解接入 Internet 的方法。

2．实验内容

（1）认识网络硬件。

① 观察组成局域网的网络硬件。

② 学习制作双绞线。

③ 学习网卡的安装、卸载和停用的方法。

（2）在局域网中配置网络连接。

① 查看"以太网"网络连接的状态。

② 设置"以太网"网络连接的 TCP/IP 属性。

③ 禁用和启用"以太网"网络连接。

（3）练习常用的网络命令。

① 用 ipconfig 命令查看 TCP/IP 配置信息。

② 用 ping 命令测试网络连通情况。

③ 用 netstat 命令查看当前的网络连接状况。

（4）接入 Internet。

① 通过局域网接入 Internet。

② 通过 FTTH 接入 Internet。

③ 通过无线方式接入 Internet。

3．实验参考步骤

（1）认识网络硬件。

① 观察组成局域网的网络硬件。

【参考步骤】

在实验教师的带领下参观实验室机房，了解星型拓扑结构局域网的物理连接方法。观察机柜中交换机的外观和连线情况，通过交换机面板上的各种状态指示灯了解交换机的运行状态。观察计算机主机箱后面板的网卡接口和连线情况，通过网卡上的状态指示灯了解网卡的工作状态。一般来说，连线后只要计算机网卡上绿灯亮，连接的交换机对应端口灯也亮，即表示该网络物理连接正常。

实验教师展示无线 AP、无线网卡等无线局域网硬件设备，通过实物观察、对比，了解无线局域网的组建方法。

② 学习制作双绞线。

【参考步骤】

无论是宿舍组网还是家庭、办公室组网，双绞线都是重要的网络组件之一。双绞线的制作主要指在双绞线两端压制 RJ-45 接头，制作时可遵循 EIA/TIA568B 或 EIA/TIA568A 两种标准之一，工程应用中一般使用 EIA/TIA568B 标准。制作工具和材料有双绞线、RJ-45 接头（俗称水晶头）、压线钳、网络测线仪（可选）。实验教师演示双绞线的制作步骤如下。

步骤 1：用压线钳上的剥线刀剥去双绞线一端长度约为 2 厘米的外皮，将 8 根彩色铜线分别拆开、理顺、捋直，按 EIA/TIA568B 标准中的白橙、橙、白绿、蓝、白蓝、绿、白棕、棕的线序由左向右整齐地紧密并排排列在同一平面上，用压线钳上的切线刀将双绞线剪齐，如图 6.1 所示。

步骤 2：保持 RJ-45 接头有金属片的一侧面向自己，捏住双绞线，将由左向右按序排列的 8 根铜线同时插入接头，使铜线并排沿接头内的 8 个线槽插到底，直到在另一端可以透过水晶头清楚地看到每根线的铜线芯为止，如图 6.2 所示。

图 6.1 将双绞线排列整齐并用压线钳剪齐

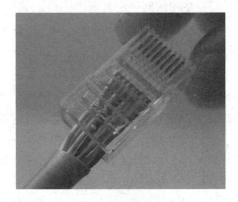
图 6.2 将 8 根铜线沿线槽插入 RJ-45 接头

步骤 3：首先将 RJ-45 接头放入压线钳的 RJ-45 压头槽，然后用力压紧握柄，使 RJ-45 接头头部的 8 片金属片全部挤压到接头内部对应的铜线芯上，并使 RJ-45 接头尾部的塑料卡槽紧紧夹住双绞线的外皮，防止日后经常拔插接头使铜线松动抽出。

步骤 4：用同样的方法完成双绞线另一端的 RJ-45 接头制作。

步骤 5：可以用网络测线仪分别接双绞线的两端，测试连通性。简易的测试仪可以通过指示灯表示 8 根铜线是否存在物理短路、断路，专业的测试仪还可以测试出网线长度、串扰、线路衰减情况等信息。

两端均按照同一个标准线序制作的双绞线称为直连线（也称为平行线），广泛用于计算机与网络设备、信息模块的互连。如果两台计算机希望通过各自的网卡直接用一根双绞线互连组成最简单的局域网，由于本方的发送信号线对应的是对方的接收信号线，因此所采用的双绞线不能做成直连线，而应做成交叉线，即双绞线的两端分别采用 EIA/TIA568B 标准线序和 EIA/TIA568A 标准线序，使 1 号线和 3 号线、2 号线和 6 号线两两对调，从而实现信号交叉的目的。从理论上来讲，交换机与交换机端口的级连也应该采用交叉线，但目前绝大多数交换机都支持 Auto MDI/MDIX 自适应功能，直连线和交叉线都可以使用。

③ 学习网卡的安装、卸载和停用的方法。

【参考步骤】

实验教师演示将网卡插在主机箱内主板上的操作，了解网卡的物理安装方法。

停用和启用网卡，先卸载本机中已经安装了的网卡驱动程序，再重新安装网卡驱动程序，具体步骤如下。

步骤 1：右击桌面上的"此电脑"，从快捷菜单中选择"属性"或"管理"命令，在打开的窗口中均能找到设备管理器链接，单击打开"设备管理器"控制台窗口，如图 6.3 所示。

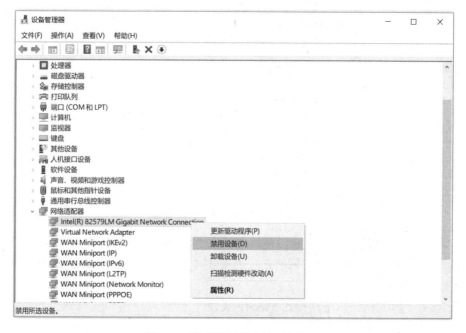

图 6.3 "设备管理器"控制台窗口

步骤 2：右击"网络适配器"展开项中的网卡图标，从快捷菜单中选择"禁用设备"命令，网卡图标上会增加一个黑色的下箭头，表示网卡暂停工作，此时网络也不通了。

步骤 3：右击有黑色的下箭头的网卡图标，从快捷菜单中选择"启用设备"命令，网卡图标恢复正常，网络也恢复正常。

步骤 4：记录网卡的配置参数，以便重新安装后恢复参数。具体方法请参考下一实验环节"设置'以太网'网络连接的 TCP/IP 属性"。

步骤 5：右击"网络适配器"展开项中的网卡图标，从快捷菜单中选择"卸载"命令，卸载网卡驱动程序。网卡图标将消失，网络也不通了。

步骤 6：在"设备管理器"控制台窗口中运行"操作"|"扫描检测硬件改动"命令，将重新发现网卡硬件，并自动进行网卡驱动程序的安装，安装成功后网卡图标又会重新出现在窗口中，但此时网卡的配置信息全部清空，需要重新配置才能使网络恢复正常，配置方法请参考下一实验环节。

（2）在局域网中配置网络连接。

① 查看"以太网"网络连接的状态。

【参考步骤】

步骤 1：在开始菜单中选择"开始"|"设置"命令，打开"Windows 设置"窗口，单击"网络和 Internet"类别中的"网络和共享中心"，打开"网络和共享中心"窗口，如图 6.4 所示。

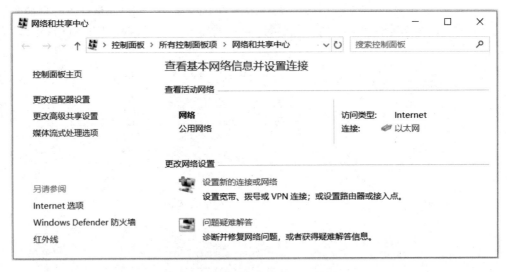

图 6.4 "网络和共享中心"窗口

步骤 2：在"网络和共享中心"窗口中单击"以太网"，打开"以太网状态"对话框，如图 6.5 所示，能够查看该网络连接的持续时间、网络连接速度、发送和接收到的数据包数量等状态信息。

② 设置"以太网"网络连接的 TCP/IP 属性。

【参考步骤】

步骤 1：在"网络和共享中心"窗口中单击"以太网"，打开"以太网状态"对话框，单击其中的"属性"按钮，打开"以太网属性"对话框，如图 6.6 所示，显示当前已经安装的网络功能组件列表。

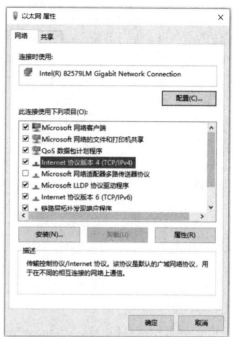

图 6.5 "以太网状态"对话框   图 6.6 "以太网属性"对话框

步骤 2：双击其中的"Internet 协议版本 4（TCP/IPv4）"，打开"Internet 协议版本 4（TCP/IPv4）属性"对话框，如图 6.7 所示，具体参数要根据网络实际状况来设置，否则将无法正常联网。可咨询网络管理员，获知本机的 IP 地址、子网掩码、默认网关以及首选和备用 DNS 服务器地址。

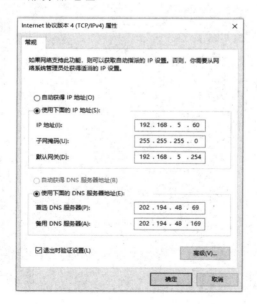

图 6.7 "Internet 协议版本 4（TCP/IPv4）属性"对话框

步骤 3：取消勾选"Internet 协议版本 6（TCP/IPv6）"，就可以禁用该计算机的

IPv6 功能；勾选"Internet 协议版本 6（TCP/IPv6）"，则启用 IPv6 功能。当某个需要访问的网站 IPv6 服务异常而 IPv4 服务正常时，可以通过禁用 IPv6 的方法来实现通过 IPv4 正常访问。

③ 禁用和启用"以太网"网络连接。

【参考步骤】

在"网络和共享中心"窗口中单击"更改适配器设置"，进入"网络连接"窗口，右击"以太网"图标，从快捷菜单中选择"禁用"命令，将禁用以太网连接，"以太网"图标变成灰色，断开了与网络的连接。要启用此前被禁用的网络连接，只需右击灰色的"以太网"图标，从弹出的快捷菜单中选择"启用"命令即可。

（3）练习常用的网络命令。

在"开始"菜单应用程序区单击"Windows 系统"|"命令提示符"命令，打开"命令提示符"窗口。后续要练习的命令都应在该窗口中输入，并按 Enter 键执行命令，在窗口查看运行结果。

① 用 ipconfig 命令查看 TCP/IP 配置信息。

【参考步骤】

在命令提示符窗口中输入"ipconfig/all"，按 Enter 键执行该命令，窗口中会显示命令的执行结果，如图 6.8 所示，图中显示了计算机名、当前的网络连接、网卡物理地址、IP 地址、子网掩码、默认网关以及首选和备用 DNS 服务器地址等 TCP/IP 配置信息。

输入"ipconfig/?"并按 Enter 键执行，将显示 ipconfig 命令的详细帮助信息。

图 6.8 "ipconfig/all"命令的执行结果

② 用 ping 命令测试网络连通情况。

【参考步骤】

在命令提示符窗口中执行"ping 127.0.0.1"命令，测试本机网卡驱动程序以及网络协议是否正常工作，如图 6.9 所示。127.0.0.1 被称为本机回环地址，是一个预留诊断地址，代表本机。

图 6.9 "ping 127.0.0.1"命令的执行结果

执行"ping 相邻计算机 IP 地址"命令，测试本实验室机房内局域网是否正常。

先用 ipconfig 命令查看本机设置的默认网关地址，再执行"ping 网关地址"命令，测试从本机到校园网的路由器网关是否连接正常，即校园网连接是否正常。

执行"ping www.baidu.com"命令，测试本机到百度网站的连通速度，一般来说，如果返回信息中的响应时间 time 值超过 300ms，则表明与该网站的连通速度较慢，如果返回的是"Request timed out"（请求超时），则表明与该网站不连通，或者该网站屏蔽了ping 命令。

③ 用 netstat 命令查看当前的网络连接状况。

【参考步骤】

在命令提示符窗口中执行"netstat"命令，结果如图 6.10 所示。从图中可以看到目前本机都与哪些地址的计算机之间存在网络连接，使用的是何种协议，哪个端口，连接状态如何，等等。还可以执行"netstat -a"命令，查看所有连接和监听端口；执行"netstat -r"命令，显示路由表信息。

图 6.10 "netstat"命令的执行结果

（4）接入 Internet。

实验教师介绍校内用户可以采用的接入 Internet 方式，分析各种方式的特点，介绍相应的实施方案。

① 通过局域网接入 Internet。

【参考步骤】

教学区通常处在校园网覆盖范围内，学生在教学区（如某实验室、学生会办公室等）上网首选通过校园网接入的方式。具体做法：学生首先向学校网络中心申请一个静态 IP 地址，然后通过双绞线将计算机连接到校园网在该房屋内预留的信息模块盒，再给计算机配置 IP 地址、子网掩码、默认网关以及首选和备用 DNS 服务器地址等参数，即设置成功，之后开机就可以访问 Internet。IP 地址等上网参数的具体配置方法请参考本节实验的实验内容（2）"在局域网中配置网络连接"的相关内容。

② 通过 FTTH 接入 Internet。

【参考步骤】

宿舍区的联通、移动等通信运营商提供 FTTH 宽带接入服务，学生首先到所属通信运营商营业厅申请开通 FTTH 宽带，其次施工人员将到宿舍拉入光纤和放置光猫设备，最后用户就可以通过双绞线将计算机连接到光猫，从而访问 Internet。

③ 通过无线方式接入 Internet。

【参考步骤】

无线接入方式适合计算机、手机、平板电脑等移动终端设备使用，不需要指定固定的上网地点，可以实现随时随地灵活便捷地上网。此外，台式计算机安装无线网卡后也可以采用无线方式接入。校内无线上网可供选择的方式主要有两种。

一种选择是通过移动通信网络接入 Internet，就是俗称的 4G 上网、5G 上网。以计算机使用 5G 上网为例：先到通信运营商处申请一个 5G 上网用的 USIM 卡，再购买一个 5G 上网卡插入计算机 USB 接口，即可实现个人 5G 上网。如果希望宿舍局域网共享 5G 上网，可以购买一台 5G 无线宽带路由器，将 5G 上网卡插入 5G 无线宽带路由器，宿舍计算机通过 5G 无线宽带路由器提供的有线局域网和无线局域网即可接入 Internet。

另一种选择是使用 WLAN 上网，目前大多数学校区域都由学校自行组建，或被通信运营商组建的无线局域网 WLAN 覆盖，如果计算机的无线网卡能够发现周边存在这类经营性无线 AP，则可到相应的 WLAN 管理机构（通信营业厅或学校网络中心）申请用户账号和密码，接入该无线局域网，进而接入 Internet。用户也可以利用智能手机的个人热点功能，如图 6.11 所示，在身边组建一个微型WLAN 环境，供随身的个人移动终端通过 WiFi 连接使用。

图 6.11　手机开启个人热点

还可以利用宿舍的 FTTH 宽带网络，通过无线路由器或光猫本身的无线 AP 功能搭建小型的 WLAN 上网环境。

6.2 实验 2——发送和接收邮件

1．实验目的

（1）掌握申请免费邮箱的方法。

（2）掌握收发邮件的方法。

（3）掌握邮箱的基本设置。

2．实验内容

（1）申请免费邮箱。

① 访问免费邮箱网站。

② 注册免费邮箱。

（2）发送邮件。

① 登录免费邮箱网页版界面。

② 创建一封带附件的新邮件。

③ 发送邮件。

④ 邮件的抄送和密送。

（3）接收和回复邮件。

① 接收邮件。

② 查看邮件。

③ 保存附件。

④ 回复和转发邮件。

（4）邮箱设置。

① 设置自动回复和自动转发功能。

② 设置账号与邮箱中心。

③ 开启 POP3/SMTP/IMAP 功能

3．实验参考步骤

（1）申请免费邮箱。

① 访问免费邮箱网站。

【参考步骤】

以 163 网易邮箱网站为例。在浏览器地址栏输入网址："mail.163.com"，进入"163 网易免费邮"首页，如图 6.12 所示。

② 注册免费邮箱。

【参考步骤】

单击图 6.12 中的"注册网易邮箱"按钮，进入"欢迎注册网易邮箱"页面，如

图 6.13 所示。按要求先输入想要申请的邮箱账号和登录密码、手机号码等注册资料，再单击"立即注册"按钮，即可看到邮箱注册成功的提示信息，从而获得一个免费的邮箱。

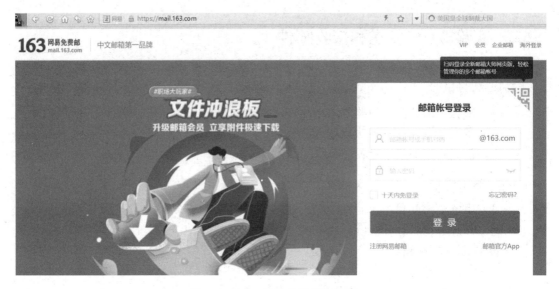

图 6.12 "163 网易免费邮"首页

图 6.13 "欢迎注册网易邮箱"页面

（2）发送邮件。

① 登录免费邮箱网页版界面。

【参考步骤】

回到如图 6.12 所示的"163 网易免费邮"首页，输入刚才注册时填写的用户账号和密码，即可进入 163 网易邮箱网页版界面，如图 6.14 所示。

图 6.14　163 网易邮箱网页版界面

② 创建一封带附件的邮件。

【参考步骤】

步骤 1：单击左侧导航栏上方的"写信"按钮，进入发送邮件界面，如图 6.15 所示。

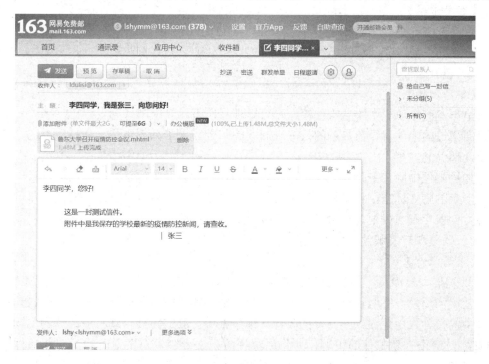

图 6.15　发送邮件界面

步骤 2：在"收件人"文本框中输入某个同学的邮箱地址，例如"ldulisi@163.com"，在"主题"文本框中输入"李四同学，我是张三，向您问好!"，在正文区输入邮件正文。

步骤 3：单击"添加附件"按钮，选中某个文件，将该文件作为附件插入当前邮件中。本例插入的是一个网页文件"鲁东大学召开疫情防控会议.mhtml"。如果有多个附件，则可以重复步骤 3。

③ 发送邮件。

【参考步骤】

邮件撰写完毕后，单击图 6.15 中的"发送"按钮，即可看到邮件发送成功的提示信息。也可以单击"存草稿"按钮，将邮件保存在"草稿箱"中，留待以后继续撰写或发送。单击正文区下方的"更多选项"，还可以设置成定时发送，即在指定的时间发出邮件。

④ 邮件的抄送和密送。

【参考步骤】

如果要将此邮件同时抄送给其他人，则可分别单击"抄送"和"密送"，出现抄送人栏和密送人栏，在其中输入对方的邮箱地址即可。163 网易邮箱还支持"群发单显"功能，可以对多个人分别一对一地发送邮件，每个人都将单独收到发来的邮件而不显示还存在其他收信人。

（3）接收和回复邮件。

① 接收邮件。

【参考步骤】

单击左侧导航栏上方的"收信"按钮，将自动连接位于 163 网易邮箱网站中的邮箱，检查其中是否收到新的邮件，并将新邮件自动加载到"收件箱"中。

② 查看邮件。

【参考步骤】

单击左侧导航栏中的"收件箱"，可以查看所有收到的邮件列表，正常字体显示的是已阅读过的邮件，粗体显示的是尚未阅读的邮件。单击列表中某一个邮件主题，即可显示此邮件的内容。

如果邮件中附带着附件文件，则在邮件列表右侧以及邮件正文区下侧会显示一个曲别针形状的附件标志。将鼠标悬停在具体附件文件上方，单击"下载"按钮，即可将该附件文件保存到本机中。也可以单击"打包下载"按钮，将所有附件一并下载到本机。

③ 回复和转发邮件。

【参考步骤】

阅读某个邮件后，单击上方的"回复"按钮，打开回复邮件窗口，如图 6.16 所示。使用回复功能有两点好处：其一，用户不需要输入收件人的邮箱地址，会自动将原邮件中的发件人地址添入新邮件的收件人地址栏中；其二，会自动将原邮件的主题加上"Re："前缀作为新邮件的主题，并将原邮件的正文内容以及发送时间附在新邮件的正文区，使得收件人（即原发件人）可以方便地获知该邮件是对哪一封邮件的回复。

图 6.16　回复邮件窗口

阅读某个邮件后，单击上方的"转发"按钮，打开转发邮件窗口，如图 6.17 所示。使用转发功能会自动附上原邮件的正文和附件，省去了复制邮件的麻烦，并且邮件主题中会自动加上"Fw:"前缀，表示这是一封转发来的邮件。

图 6.17　转发邮件窗口

（4）邮箱设置。

① 设置自动回复和自动转发功能。

【参考步骤】

单击邮箱首页最上方的"设置"，在下拉菜单中选择"常规设置"，如图 6.18 所示。勾选"自动回复"后的复选框，并输入希望自动回复的内容，单击"保存"即可。收到来信时，邮箱系统会自动回复预设的内容给对方。这一功能尤其适合在休假或出差期间使用。

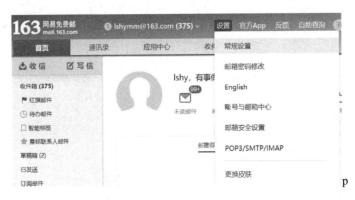

图 6.18　邮箱设置

勾选"自动转发"后的复选框，并设置好希望转发到的邮箱地址，收到来信时，邮箱系统会将邮件自动转发到另一个邮箱。这一功能适合同时拥有多个邮箱，将不常用邮箱的收件自动转发到常用邮箱中的情况。

② 设置账号与邮箱中心。

【参考步骤】

在"设置"下拉菜单中选择"账号与邮箱中心"，在其中可以设置通过 POP3 自动收取、管理其他邮箱的邮件；使用其他邮箱账号发送邮件；一键迁移其他邮箱中的所有邮件以及通讯簿等。

③ 开启 POP3/SMTP/IMAP 功能。

【参考步骤】

在"设置"下拉菜单中选择"POP3/SMTP/IMAP"，单击选项开启相应功能。查看服务器地址参数"pop.163.com"、"smtp.163.com"和"imap.163.com"。在网易邮箱大师、Foxmail、Outlook 等邮箱客户端软件中配置这些参数，即可使用客户端软件收发和管理邮件。

6.3　实验 3——Internet 信息检索

1．实验目的

（1）掌握搜索引擎的使用方法。

（2）掌握以 CNKI 为代表的图书馆电子资源的检索方法。

（3）掌握 Internet 信息资源下载的常用方法。

2．实验内容

（1）搜索引擎使用实例。

① 使用搜索表达式。

② 搜索某一类型的文档。

③ 高级搜索。

（2）中国知网 CNKI 使用实例。

① 登录 CNKI。

② 搜索所有以山东大学某某某为第一作者的学术文章。

③ 下载其中的一篇文章，要求是 PDF 文件格式。

④ 用 PDF 阅读软件阅读该文章，并将其中的一段文本内容复制到 Word 文档中。

⑤ 将 PDF 格式的文章转换成 DOC 格式。

（3）常用 Internet 信息资源下载实例。

① 下载并安装迅雷软件。

② 使用迅雷进行下载。

③ 使用迅雷批量下载。

3．实验参考步骤

（1）搜索引擎使用实例。

① 使用搜索表达式。

【参考步骤】

以百度搜索引擎为例。在浏览器地址栏输入网址："www.baidu.com"，进入"百度"首页。例如，想了解烟台市（但排除开发区和福山区）的招聘会信息，先在百度的网页搜索文本框中使用搜索表达式："烟台 招聘会-开发区-福山区"（提示：各字段之间必须用空格分隔，+、-等字符均为英文半角字符），再单击"百度一下"按钮即可，如图 6.19 所示。

在实际使用中，搜索到的结果往往并不精准，其中还包含一些广告信息（可以通过尾缀的"广告"标记来分辨），并且广告不受搜索表达式中的"非"关系操作符"-"的限制。为此，建议通过增加元词"site:"来限定所搜索的站点范围，例如，"烟台-招聘会-开发区 site:gov.cn"，显示的搜索结果信息都来自政府网站（域名后缀"gov.cn"），即搜索结果权威又没有广告信息的干扰。与此类似，"烟台 招聘会-开发区 site:edu.cn"只展示高校等教育行业网站（域名后缀"edu.cn"）的信息。

② 搜索某一类型的文档。

【参考步骤】

可以通过搜索语法"filetype:"来实现查找某一类型文档的搜索需求。百度支持RTF 文档类型.rtf、Adobe 公司开发的文档类型.pdf 以及 Office 文档类型.doc、.ppt、.xls常见的 5 种文档类型的搜索。例如，在搜索文本框中输入搜索表达式"策划方案

filetype:doc",获得的搜索结果将都是 Word 文档;输入"策划方案 filetype:ppt",获得的搜索结果则都是 PowerPoint 演示文稿文档。百度还支持"filetype:all"语法,一次性搜索所有的 5 种非 HTML 文档类型文件。

图 6.19　搜索引擎的搜索表达式

③ 高级搜索。

【参考步骤】

首先单击右上角"设置"里的"高级搜索",打开百度高级搜索界面,如图 6.20 所示,其次在各文本栏中输入相应搜索关键词,最后单击"高级搜索"按钮,也可以实现上述搜索要求。

图 6.20　百度高级搜索界面

为了提升竞争力,百度搜索引擎根据用户需求不断推出各种特色服务,如百度文库、百度识图、百度学术等,用户可以在百度首页上单击"更多"链接来找到这些特色服务。

（2）中国知网 CNKI 使用实例。

① 登录 CNKI 网站。

【参考步骤】

在浏览器地址栏中输入"www.lib.ldu.edu.cn"，进入鲁东大学图书馆网站，单击首页导航栏"常用资源"里的"中文数据库"链接进入二级页面，单击"CNKI 主站点"链接，即可进入 CNKI 网站，如图 6.21 所示。

图 6.21　CNKI 网站

提示：只有 CNKI 授权单位的 IP 地址才能通过 CNKI 网站的网上包库验证，显示如图 6.21 右上角所示的"鲁东大学图书馆"字样。因此，只有购买了 CNKI 数据库的学校校园网内的计算机才能下载 CNKI 网站中的资源。如果用户位于校园网范围之外使用，首先需要通过学校提供的 VPN、移动校园专网等服务登录到校园网内，然后再访问 CNKI 网站。否则就只能使用 CNKI 检索功能，无法阅读下载全文。

② 搜索所有以山东大学某某某为第一作者的学术文章。

【参考步骤】

首先在网站首页中的"检索项"下拉列表栏中选择"第一作者"，在"检索词"文本框中输入作者名，如图 6.22 所示，单击文本框右侧的"检索"按钮，可以获得初次检索结果。

图 6.22　搜索以某某某为第一作者的学术文章

初次检索结果中有很多其他单位的同名之人，需要在结果中进行二次检索。如图 6.23 所示，继续在"检索项"下拉列表栏中选择"作者单位"，在"检索词"文本框中输入"山东大学"，并单击文本框右侧的"结果中检索"按钮，即可搜索到所有以山东大学某某某为第一作者的学术文章。

图 6.23　在结果中进行二次检索

③ 下载其中的一篇文章，要求是 PDF 文件格式。

【参考步骤】

在检索结果列表中，单击想要浏览的文章篇名，将会弹出一个显示文章详细信息的页面，如图 6.24 所示。要想阅读全文，请单击"PDF 下载"按钮，即开始下载该文章的 PDF 格式文件，并保存在指定的本地文件夹中。

图 6.24　在文章详细信息页面中下载全文

④ 用 PDF 阅读软件阅读该文章，并将其中一段文本内容复制到 Word 文档中。

【参考步骤】

在 CNKI 网站底部的"CNKI 常用软件下载"栏目中的"下载中心"里提供了多种可以支持 PDF 阅读的软件。我们以 Adobe 官方出品的 Adobe Reader 为例，首先下载并安装该软件，之后双击已下载到本地的 PDF 文档，就可以调用 Adobe Reader 软件阅读了。如果想要复制一段文字内容到 Word 文档之中，则只要在 Adobe Reader 界面中按下工具栏中的"选择"工具按钮，如图 6.25 所示，鼠标光标将会变成"选择"状态，用鼠标光标拖动选中一段文字，再用复制、粘贴的方式就可以复制到 Word 文档中了。

图 6.25　"选择"工具按钮

提示：该 PDF 格式的文章内容必须是文本格式才可以用上述方法复制文本，网络上还有少量 PDF 格式文章的内容是纯图片格式的，此时无法进行文本选择，只能用"选择"工具按钮右侧的"快照"工具按钮来抓图。此外，还有一些虽然是文本格式但被发行方加密不允许复制，此时需要先解密，再进行复制粘贴。

⑤ 将 PDF 格式的文章转换成 DOC 格式。

【参考步骤】

若要将整篇文章由 PDF 格式转换成 DOC 格式，则需借助专门的文档格式转换工具软件。有多种此类功能的软件，首先在搜索引擎中输入搜索表达式"pdf 转 Word+工具+下载"，在检索结果中选择一个具备此类功能的工具软件下载到本地，然后运行使用就可以完成该要求。如图 6.26 所示的是 e-PDF PDF To Word Converter 软件的转换界面。

图 6.26　PDF 格式转换成 DOC 格式工具软件界面

（3）常用 Internet 资源下载实例。

① 下载并安装迅雷软件。

【参考步骤】

在百度中搜索关键词"迅雷"，单击搜索结果中尾缀"官方"标识的链接，进入迅雷软件官网，单击网页中的"迅雷"下载链接，打开"新建下载任务"对话框，如图 6.27 所示，选择下载到本地文件夹的位置，单击"下载"按钮，即可将迅雷软件的安装文件保存到本地文件夹中。双击迅雷软件的安装文件，根据安装提示向导来进行一步步选择，即可成功安装迅雷软件。安装完成后，桌面和开始菜单、右击出现的快捷菜单中都会增加迅雷软件的快捷方式。

② 使用迅雷软件进行下载。

【参考步骤】

安装好迅雷软件后，再单击想要下载的某个链接，打开的"新建下载任务"对话框左下角将会增加一个"使用迅雷下载"链接，单击该链接，就会调用迅雷软件进行下载了。也可以右击想要下载的某个链接，在弹出的菜单中选择"使用迅雷下载"命令，从而调用迅雷软件。

图 6.27　"新建下载任务"对话框

③　批量下载。

【参考步骤】

迅雷软件不仅可以下载单个链接，而且可以批量下载当前网页中的多个链接和图片。例如，想将某学术会议网站资料下载栏目中的几十个会议报告都下载到本地文件夹中以便于学习研究，可以在网页空白处右击，在弹出的菜单中选择"使用迅雷下载全部链接"命令，将弹出"新建下载任务"对话框，如图 6.28 所示，其中一一列出了该网页中的所有链接以及网页图片地址，可以根据需要进行勾选，或者通过限定文件类型进行批量选择，例如，因为会议方提供的会议报告均为 PDF 文件，所以图中选择了只下载 PDF 文件类型，即可达到一次性批量下载所有会议报告的目的。

图 6.28　下载界面

如果多个下载链接 URL 地址包含共同的特征，则也可以在迅雷软件中"新建下载"时单击"添加链接或口令"右侧下拉箭头，选择"添加批量任务"命令，在打开的对话框中通过 URL 通配符批量添加下载任务，如图 6.29 所示，在"通过 URL 过滤"文本框中输入"http://tt.looklnly.com/playdata/评书/袁阔成-薛刚反唐/(*).mp3"，并选中"从 1 到 100"单选按钮，"通配符长度"下拉列表中选择"3"，下方的预览区域内可以看到将生成的下载任务的 URL 地址，最后单击"确定"按钮，迅雷软件的窗口中即会出现 100 个下载任务。

图 6.29　批量添加下载任务

习题

一、选择题

1. 根据网络的覆盖范围划分，覆盖范围最小的网络是（　　）。
   A．LAN　　　　　　　　　　　　B．MAN
   C．WAN　　　　　　　　　　　　D．Internet

2. 在 OSI 参考模型中，从低到高来说，第一层和第三层是（　　）。
   A．数据链路层和网络层　　　　　　B．物理层和传输层
   C．物理层和网络层　　　　　　　　D．传输层和应用层

3. 下列叙述错误的是（　　）。
   A．Internet 采用的是 OSI 参考模型
   B．TCP/IP 模型包括四层

C. 国际标准化组织 ISO 提出的 OSI 参考模型实现起来困难，是一种理论上的标准

D. OSI 参考模型和 TCP/IP 模型的最上层都是应用层

4．计算机网络硬件由计算机系统、网络连接设备和（　　）组成。

 A．传输介质   B．网络节点

 C．通信设备   D．网络协议

5．在常用的传输介质中带宽最宽、信号传输衰弱最小、抗干扰能力最强的是（　　）。

 A．无线信道   B．双绞线

 C．同轴电缆   D．光缆

6．bps 是（　　）单位。

 A．信道宽度   B．噪声能量

 C．信号能量   D．数据传输速率

7．在 Windows 中，用于检查 TCP/IP 网络中配置情况的命令是（　　）。

 A．ping   B．ipconfig

 C．tracert   D．arp

8．下列四项中，不合法的 IP 地址是（　　）。

 A．128.99.128.99   B．100.0.0.10

 C．201.11.31.256   D．150.46.254.1

9．A 类 IP 地址网络的子网掩码地址为（　　）。

 A．255.255.255.255   B．255.255.255.0

 C．255.0.0.0   D．255.255.0.0

10．用 24 位来标识网络号，8 位标识主机号的 IP 地址类别为（　　）。

 A．B 类   B．D 类

 C．A 类   D．C 类

11．下列（　　）不属于"Internet 协议（TCP/IPv4）属性"对话框选项。

 A．子网掩码   B．IP 地址

 C．默认网关   D．诊断地址

12．在 Internet 中采用域名地址而一般不采用 IP 地址的原因是（　　）。

 A．IP 地址不能唯一标识一台主机

 B．一台主机必须要有域名

 C．一台主机必须由域名和 IP 地址共同标识

 D．IP 地址不便于记忆

13．以下有关顶级域名代码的说法不正确的是（　　）。

 A．cn 代表中国，ca 代表加拿大

 B．com 代表商业网站，edu 代表教育机构

 C．net 代表网络机构，gov 代表政府机构

 D．mil 代表信息机构，org 代表非营利机构

14. 统一资源定位器 URL 由四部分组成，它的一般格式是（   ）。

    A．协议.超级链接.应用软件.信息

    B．协议://超级链接/应用软件/信息

    C．协议.主机名.路径.文件名

    D．协议://主机名/路径/文件名

15. WWW 的全称是（   ）。

    A．World Wais Web   B．World Wide Wait

    C．World Wide Web   D．Website of World Wide

16. 在地址栏输入一个 WWW 地址后，浏览器中出现的第一页被称为（   ）。

    A．主页   B．导航

    C．网页   D．网站

17. （   ）协议用于实现互联网中交互式文件传输功能。

    A．HTTP   B．FTP

    C．SMTP   D．RIP

18. 下列有关电子邮件地址 xiao_123@163.com 的说法，正确的是（   ）。

    A．以上邮件地址说明邮件服务机构 163.com 为用户 xiao_123 分配了一台邮件服务器

    B．xiao_123 是用户名，163.com 是邮件服务器名

    C．一个用户只能有一个电子邮件地址

    D．xiao 是用户名，123 是邮箱编号

19. 网页上看到所收到邮件的主题行的开始位置有"回复："或"Re："字样时，一般表示该邮件是（   ）。

    A．对方拒收的邮件   B．对方回复的答复邮件

    C．希望对方答复的邮件   D．当前的邮件

20. 当你登录在某网站注册的邮箱时，页面上的"草稿箱"文件夹一般保存着的是（   ）。

    A．已经抛弃的邮件

    B．已经撰写好，但是还没有发送的邮件

    C．包含有不礼貌语句的邮件

    D．包含有不合时宜想法的邮件

二、应用练习

1. 查看和修改网络连接信息，按如下要求操作。

（1）在"网络和共享中心"窗口中查看和修改"以太网"网络连接中的 IPv4 地址、子网掩码、网关、DNS 等网络参数。启用和禁用 IPv6 网络。

（2）在"命令提示符"窗口中使用网络命令查看计算机的 TCP/IP 配置信息。

（3）查看当前网络连接速度、持续时间、数据收发情况。

（4）查看网卡型号。

2．发送和接收电子邮件，按如下要求操作。

（1）到网易、新浪等免费邮箱网站注册申请一个免费邮箱。

（2）登录免费邮箱网页，发送一封带有附件的邮件给周围同学，并接收其回复的邮件。

（3）将邮箱设置成来信后自动回复对方，并将来信自动转发到另一个免费邮箱中。

（4）开启免费邮箱的 POP3/SMTP/IMAP 功能，并通过网易邮箱大师、Foxmail 等电子邮箱客户端软件管理邮箱。

3．通过网络查找教育网中的 DNS 服务器地址，测试其连通性和连接速度，并在网络连接配置中使用该 DNS。

（1）利用搜索引擎查找教育网中的 DNS 服务器 IP 地址。

（2）使用 ping 命令测试找到的 DNS 服务器连通性和连接速度。选出连接速度快且稳定的 DNS，并记住 IP 地址，以备本地 DNS 服务器故障时使用。

（3）当本地 DNS 服务器发生故障无法解析时，在"以太网"网络连接的"Internet协议版本 4（TCP/IPv4）"中修改 DNS 服务器参数。

参 考 文 献

[1] 刘启明，孙中红，刘玮，等. 大学计算机与人工智能基础实验教程（第 4 版）[M]. 北京：高等教育出版社，2021.

[2] 杨文潮，王文胜. 计算机文化基础实验指导（第 3 版）[M]. 济南：山东大学出版社，2009.

[3] 孙中红，刘启明，胡喜玲，等. 大学计算机实验教程（第 3 版）[M]. 北京：高等教育出版社，2018.

[4] 徐红云. 大学计算机基础教程（第 3 版）[M]. 北京：清华大学出版社，2021.

[5] 刘添华，刘宇阳，杨茹. 大学计算机——计算机思维视角[M]. 北京：清华大学出版社，2020.

[6] 吴萍，朱晴婷，蒲鹏，等. Python 算法与程序设计基础（第 2 版）[M]. 北京：清华大学出版社，2017.

[7] 嵩天，礼欣，黄天羽. Python 语言程序设计基础（第 2 版）[M]. 北京：高等教育出版社，2017.

[8] 解福，马金刚，吴海峰. 计算机文化基础[M]. 青岛：中国石油大学出版社，2017.

[9] 唐永华，刘鹏，于洋，等. 大学计算机基础（第四版）[M]. 北京：清华大学出版社，2019.

[10] 邵增珍，姜言波，刘倩. 计算思维与大学计算机基础[M]. 北京：清华大学出版社，2021.

[11] 武云云，熊曾刚，王曙霞，等. 大学计算机基础教程 Windows 7+Office 2016[M]. 北京：清华大学出版社，2021.

[12] 黄蔚，凌云，沈玮，等. 计算机基础与高级办公应用（第二版）[M]. 北京：清华大学出版社，2021.